风险控制与工务施工安全管理知识问答

张长建　编

中国铁道出版社

2012年·北　京

内 容 简 介

本书从对危险源的辨识解答，到围绕风险如何控制和如何做好应急管理，说说如何加强施工管理和施工监护。全书共分三个部分，主要内容包括：风险分析控制与管理，营业线施工与管理，施工安全与施工监护等。

图书在版编目(CIP)数据

风险控制与工务施工安全管理知识问答/张长建编
北京：中国铁道出版社，2012.5
ISBN 978-7-113-14619-1
Ⅰ.①风… Ⅱ.①张… Ⅲ.①建筑工程－工程施工－安全管理－问题解答 Ⅳ.①TU714－44
中国版本图书馆 CIP 数据核字(2012)第 096530 号

书　　名： 风险控制与工务施工安全管理知识问答
作　　者： 张长建　编

责任编辑： 程东海　　**编辑部电话：** 010-51873135
封面设计： 郑春鹏
责任校对： 孙　玫
责任印制： 陆　宁

出版发行： 中国铁道出版社（100054，北京市西城区右安门西街 8 号）
网　　址： http：//www.tdpress.com
印　　刷： 北京鑫正大印刷有限公司
版　　次： 2012 年 5 月第 1 版　　2012 年 5 月第 1 次印刷
开　　本： 787 mm×1 092 mm　1/32　印张：3.125　字数：69 千
书　　号： ISBN 978-7-113-14619-1
定　　价： 13.00 元

前　言

安全不能险中求，标准才是硬道理！

危险源能导致风险，风险能导致事故，事故能毁灭效益。只有正确地辨识到风险的存在，科学性、针对性地对风险评估，才能有效地规避风险，有效地降低风险、驾驭风险，才能确保生产安全。安全是效益的根本。安全是声誉和生命的保障。安全是家庭幸福和社会和谐的保障。本书仅限使用于铁路营业线工务施工风险控制管理和施工安全管理。营业线工务施工包括线路及桥涵大修、改造、扩建以及既有线电化改造影响到线桥设备的施工。本书共分风险分析控制与管理、营业线施工与管理、施工安全与施工监护三个部分。为加强业务知识的记忆，本书采用了一问一答和加案例说明的形式编写，从对危险源的辨识，到围绕风险如何控制和如何做好应急管理，如何加强施工管理和施工监护等方面都进行了重点的解答，希望学习者从中能得到启发，掌握相关的技术要求和质量标准，提高自身的业务能力和综合素质，以求在施工过程中确保人身安全和行车安全，以及在正确的施工安全监护下，使施工质量达到验收的标准，为当今铁路发展建设做出应有的贡献。

水平有限，书中有不妥之处，敬请广大专家和读者给予批评和指正。

本书在编写过程中，参阅了国内出版社的多部著作，得到了中国铁道学会安全委员会委员程鹏、刘建新专家的指导和帮助，得到了郑州铁路局、郑州桥工段领导和同事们的大力支持和帮助，同时也得到了包神铁路公司帖立彬、王希云、王新钟、吴真、任海强，朔黄铁路公司苌生魁、高国良、祝启峰等领导的大力支持和帮助，在此一并表示衷心感谢！

编　者

二〇一二年四月

目　　录

第一部分　风险分析控制与管理

一、"危险源"、"风险"、"事故"定义及分类

总的来说，危险源能导致风险，风险能导致事故，事故能毁灭效益。只有正确性地认识到风险的存在，科学性地对风险进行评估，才能有效地规避风险，有效地降低风险，驾驭风险，才能确保生产安全。安全是效益的根本，安全是声誉和生命的保障，安全是家庭幸福和社会和谐的保障。

1. 什么是危险源？

答：危险源是指可能导致伤害或疾病、财产损失、工作环境破坏或这些情况组合的根源或状态。它的实质是具有潜在危险的源点或部位，是爆发事故的源头，是能量危险物质集中的核心，是能量从这里传出来或爆发的地方。危险源存在于确定的系统中和不同的系统范围内，危险源的区域也就不同。因此，分析危险源应按系统的不同层次来进行。严肃地说，危险源可能在施工中存在着事故隐患，也可能不存在着事故隐患，对于存在事故隐患的危险源一定要科学性地评估，及时加以防范，否则随时都有可能导致事故的发生。

2. 危险源分为哪几类？

答：根据营业线施工作业规模大小，危险源控制按照A类、B类、C类三个等级实行监督检查。

A类危险源：是指两个及以上施工单位或专业在一个区段共同施工作业，其施工项目对行车安全、人身安全有影响的危险源点。

B类危险源：是指同一施工单位的两个及以上工队或一

个专业在一个施工面上共同施工作业，其施工项目可能影响行车安全和人身安全的危险源点。

C类危险源：是由施工队组织的各种施工作业需做安全盯控落实的危险源点。

其中A类危险源由铁路局或工务段安全、生产技术部重点监督检查；B类危险源由基层车间负责监督检查；C类危险源由现场盯控人员监督检查。

3. 现场作业危险源关键点是如何控制的？

答：危险源关键点是指职工在现场施工作业中，因人的不安全行为因素、物的不安全状态和管理措施的不完善，可能造成作业人员伤害的有设备、设施、作业场所或地点、部位、工器具等。控制现场作业危险源是全面贯彻“严格管理＋人性化管理＋人文关怀”理念的具体体现。控制危险源的目的，不仅仅是预防人身事故、铁路交通事故的发生，而且是要做到一旦发生了事故，能够将事故限制到最低程度，或者说能够控制到企业能接受、员工能接受的程度。

4. 什么是风险？

答：风险是某一特定危险情况发生的可能性和后果的组合。

5. 风险分为哪几个等级？

答：通过风险评估(风险评估：是评估风险大小以及确定风险是否可容许的全过程)确定风险的分类。风险分为低度风险、中度风险、高度风险和极高度风险四个级别(见表1-1)。

表1-1 风险等级分类

后果等级 / 概率等级		轻微的	较大的	严重的	很严重的	灾难性的
		1	2	3	4	5
很可能	5	高度	高度	极高	极高	极高
可能	4	中度	高度	高度	极高	极高

续上表

概率等级 \ 后果等级		轻微的	较大的	严重的	很严重的	灾难性的
		1	2	3	4	5
偶然	3	中度	中度	高度	高度	极高
不可能	2	低度	中度	中度	高度	高度
很不可能	1	低度	低度	中度	中度	高度

6. 什么是事故?

答:事故是造成死亡、疾病、伤害、损坏或其他损失的意外情况。

7. 事故分为哪几个等级?

答:依据《铁路交通事故调查处理规则》事故分四个等级,规定如下:事故分为特别重大事故,重大事故,较大事故,一般事故。一般事故又分为:一般A类事故、一般B类事故、一般C类事故、一般D类事故。

二、"危险源"、"风险"排查、辨识及管理

1. 如何对危险源进行排查?

答:危险源的排查工作是一项十分复杂的安全系统工程,应组织现场施工作业骨干人员、专业工程师、施工安全管理人员等,对每个作业环节、设备设施、作业处所及管理现状认真分析,对施工现场采取步行巡视、现场观察、测量等手段,结合以往各种人身和行车事故教训,查找确认其危险源。

2. 如何对危险源进行辨识?

答:(1)危险源源点的录入:危险源源点由各专业施工队——工程项目部负责录入,原则是"自下而上"录入。分专业对口上报工程建设管理单位、监理公司、产权单位的安全技

术部门。

(2)危险源源点的辨识和确认：危险源源点由施工单位专业技术部门或主管领导负责批复，原则是“自上而下”批复。专业技术部门会同安全质量管理部门对专业施工队——工程项目部录入上报的危险源源点内容及卡控措施等进行全面整理，编制《×××专业现场作业“危险源”安全控制指导书》，并报铁路局或工务段调度指挥中心备案备查。

(3)危险源源点完善建立要求：施工安全监管单位有关车间（工队）、班组要根据各专业《现场作业“危险源”安全控制作业指导书》中的源点进行再次完善，并形成符合现场实际的危险源源点库，原则是“上下结合”梳理。

(4)有条件的基层车间（工队）要充分利用局域网，实行危险源信息系统的管理，实现车间之间、班组之间、专业之间信息共享，确保现场作业人身的绝对安全。

3. 对危险源如何进行管理？

答：(1)对施工现场危险源实行有效的动态管理，建立电子档案，并报铁路局或工务段备案。遇有变化应随时上报，并根据上级的批复意见，于3日内对源点有关内容进行修改。

(2)工务段调度指挥中心对车间（工队）上报的现场作业区段内的“危险关键点”及卡控措施进行汇总、核对，确认危险源处所是否准确，安全卡控措施是否具有针对性。

(3)主管领导、各专业管理部门要加强对汇总的现场作业危险源作业内容和卡控措施的审核，提出补充意见，确保安全卡控措施的有效性、针对性。

4. 风险具有哪些特点？

答：(1)风险存在的客观性和普遍性：作为损失发生的不确定性，风险是不以人的意志为转移并超越人们主观意识的客观存在，而且在项目的全寿命周期内，风险是无处不在、无时不有的。这些说明为什么虽然我们一直希望认识和控制风险，但直到现在也只能在有限的空间和时间内改变风险存在和发生的条件，降低其发生的频率，减少损失程度，而不能也不可能完全地消除风险。

（2）某一具体风险发生的偶然性和大量风险发生的必然性：任何一种具体风险的发生都是诸多风险因素和其他因素共同作用的结果，是一种随机现象。个别风险事故的发生是偶然的、杂乱无章的，但对大量风险事故资料的观察和统计分析，发现其呈现出明显的运动规律，这就使我们有可能用概率统计方法及其他现代风险分析方法去计算风险发生的概率和损失程度，同时也导致风险管理的迅猛发展。

（3）风险的可变性：这是指在项目的整个过程中，各种风险在质和量上的变化，随着项目的进行，有些风险将得到控制，有些风险会发生并得到处理，同时在项目的每一阶段都可能产生新的风险。

（4）风险的多样性和多层次性：建筑工程项目周期长、规模大、涉及范围广、风险因素数量多且种类繁杂致使其在全寿命周期内面临的风险多种多样，而且大量风险因素之的内在关系错综复杂、各风险因素之间并与外界交叉影响又使风险显示出多层次性，这是建筑工程项目中风险的主要特点之一。

5. 如何对风险进行排查？

答：（1）无视风险存在的意识，就是风险最大的来源：我国工程事故频发，有建设规模大，发展快、战线长、工点多、技术和管理力量难以充分保证的客观原因，还有对工程规律认识不清，片面追求工期、按经验办事，管理不科学等原因。

（2）风险评估时不能降低风险，风险管理才是降低风险的主体：风险评估是风险管理的基础前提，风险管理是风险评估的目的，两者都应随着项目建设阶段的发展动态进行。风险可通过管理来降低,使之处于可控范围,完全消除风险是不经济的。风险评估是有效控制各类事故发生的重要手段。通过开展风险评估工作可以提高工程设备质量和安全,保障工程建设的投资和进度,降低工程实施和运营中的风险。有利于决策科学化,有利于减少工程事故的发生,有利于提高政府、业主、设计单位、承包商及运营单位的风险管理意识和风险管理能力。

6. 如何对风险进行辨识?

答:风险辨识的主要内容包括:铁路工程风险定义、主要风险来源、风险分类、铁路工程风险评估的目标和范围、风险评估的基本程序、铁路工程风险评估体系指标的建立,勘察设计阶段、施工阶段、运营阶段进行风险评估,铁路工程风险评估管理相关主体的权利和义务等。风险评估工作分阶段进行,可研阶段的风险评估侧重于控制工期、投资、环境的重大工程;初步设计阶段侧重于重大工程以及采取新的建造技术、地质条件特殊复杂、对环境有重大影响的工程;施工阶段侧重于重大风险源评估及控制。

7. 风险接受准则是如何规定的?

答:风险接受准则规定见表 1-2。

表 1-2 风险接受准则

风险等级	接受准则	处理措施
低度	可忽略	此类风险较小,不需采取风险处理措施和监测
中度	可接受	此类风险次要,一般不需采取风险处理措施,但需要予以监测
高度	不期望	此类风险较大,必须采取风险处理措施降低风险并加强监测,且满足降低风险的成本不高于风险发生后的损失
极高度	不可接受	此类风险最大,必须高度重视并规避,否则要不惜代价将风险至少降低到不期望的程度

8. 如何对风险进行控制？

答：(1)对危险源产生的“风险”要从源点按照分类和等级，分层进行管理和控制，应从以下几方面进行管理，使其处于受控状态。

①建立安全管理制度。

②严格安全操作规程。

③完善安全设施。

④定期检验检测。

⑤落实安全责任制。

⑥开展培训教育、坚持持证上岗。

(2)对纳入危险源和风险管理的事故隐患，应着力进行控制，特别是带有倾向性、关键性的问题，要下功夫解决，努力消除或减轻其危害程度，并从技术、作业和管理三个方面严加控制，超前防范。

(3)要加强对作业人员的安全教育、培训，要使每一个职工熟知与本岗位有关的危险源，了解和熟练掌握危险源源点和危险关键点的危险因素、危害程度和卡控措施，组织作业人员进行应急救援预案的演练，增强他们的安全警觉性和遵章守纪的自觉性，提高应急处理能力。

(4)从日常作业的环节控制。各施工队(组)每天安排次日施工作业时，要认真对照本专业危险源产生的风险的安全控制作业指导书，对第二天施工作业区段内的“危险关键点”进行确认，制定相应的安全卡控措施。施工监管人员应督促落实并按规定格式上报车间(工队)。

(5)从签订施工安全协议进行控制。施工安全协议书是对施工项目进行安全监管的依据。由施工单位按施工项目分别与行车组织单位、监管单位以及产权单位签订，施工安全协议书由专业技术部门归口管理。施工安全协议书的基本内容：

①工程概况（施工项目、作业内容、地点和时间、影响范围）。

②施工责任地段和期限。

③双方所遵循的技术标准、规程和规范。

④安全防护内容、措施（车辆运行及防护办法）及专业结合部安全分工（根据工点、专业实际情况，由双方制定具体条款）。

⑤双方安全责任、权利和义务（包括共同安全职责和双方各自安全职责）。

⑥违约责任和经济赔偿办法（包括发生铁路交通责任事故时双方所承担的法律责任）。

⑦安全监督和配合费用。

⑧法律法规规定的其他内容。

⑨安全抵押金金额。

监管单位的生产技术部对施工单位的施工组织和技术方案及安全措施严格把关，达到营业线施工要求后签订施工安全协议并经上级主管部门批准核备后生效。未签订施工安全协议书不予审批施工方案，严禁施工。施工安全协议按项目签订，协议期限应签至工程施工结束，但不准跨年度签订。

(6)安全监护人员现场控制。

①安全监护员和驻站联络员要指定经过培训合格、对行车安全规章熟悉、有独立工作能力和责任心强的人员担任，并经公司主管部门认定资格，颁发上岗证后持证上岗。对施工质量和行车安全进行全过程监督检查，安全监护员配备的数量应满足施工现场需要。

②安全监护员参加由建设项目管理机构组织的施工方案

及安全技术组织措施审查会，对施工单位编制的施工方案及安全技术组织措施提出专业修改意见，对修改后的施工方案及安全技术组织措施进行监督落实。

③安全监护员发现质量不合格及施工安全隐患要立即提出整改意见，并填发《施工安全整改通知书》，遇危及行车安全时有权责令停止施工，并填发《营业线施工停工通知书》，同时上报技术、安全部门。施工单位应立即停工整顿，如不听劝阻继续施工造成铁路交通事故或设备故障，由施工单位负全部责任；因设备管理单位违反安全协议书或监管不力造成铁路交通事故或设备故障时，列设备管理单位同等责任。

(7)科学性规避风险。

①预测先导原则：成功地规避风险，必须建立在对风险发生可能性科学预测的基础上，这就要求在选择具体操作方法时，坚持理论与实际、定性与定量、历史与未来相结合的方法，以确保实施方法的准确性和有效性。

②权衡轻重原则：对风险的性质、风险程度做出合理评估，结合企业管理、财务等综合能力，制定风险管理方针和策略。

③避免超载原则：国资委或中央企业应对所属企业管理者的风险管理能力进行监控，避免超出其承受能力的经营风险。

④成本效益原则：对因进行风险管理而产生的成本及其绩效 进行比较，择优采用。如果风险防范成本超出了最终风险可预测损失，那么，该项风险防范措施的效果无疑应该大打折扣。

9. 如何对风险进行管理？

答：铁路建设工程安全风险管理暂行办法如下(2010 年 10 月 1 日铁道部建设司制定)：

(1)为进一步加强铁路建设工程安全风险管理，推进安全风险标准化管理，有效规避和控制安全风险，确保铁路工程建设安全，依据国家和铁道部有关规定，制定本办法。

(2)铁路建设工程安全风险管理范围主要包括高风险隧道、大型基坑、高陡边坡、特殊结构桥梁和地下工程，临近既有线及既有线施工，涉及既有高速铁路施工，地质灾害及其他高风险工点。

(3)铁路建设工程风险等级根据事故发生的概率和后果程度，参照铁路隧道风险等级确定标准，分为低度风险、中度风险、高度风险和极高度风险四个级别。风险等级评价为高度风险和极高度风险的工点，统称高风险工点。

(4)铁路建设应规避极高度风险，采取措施减少高度风险，通过风险识别、风险评价、风险控制等，降低和减少风险灾害及风险损失。

(5)建设单位是建设项目的责任主体，应比照铁路隧道风险管理要求，制订高风险工点的风险管理实施办法，建立风险管理体系，完善风险管理机制，落实参建单位和人员责任，按照阶级管理目标和管理要求认真做好风险管理工作。

(6)勘察设计单位是风险防范的主要责任单位，应编制风险评估实施细则，在可行性研究阶段进行风险识别，按照规避风险原则合理选择方案，依据勘察资料、参照隧道风险管理的评估标准及评估程序，对无法规避的风险工点进行分析评估，提高风险等级建议。

(7)建设单位应组织专家对勘察设计单位提出的高风险工点及风险等级建议进行论证，确定高风险工点及风险等级。高度风险和极高度风险隧道的相关资料应及时报送铁道部工管中心。

(8)勘察设计单位在初步设计阶段，应对高风险工点的风险因素作进一步识别，须调整风险等级的应及时向建设单位提出建议；应按照确定的风险等级，系统制订与之匹配的风险控制措施，因此产生的工程费用纳入初步设计概算；在施工设计中要近一步完善风险控制措施，提出风险防范注意事项。

(9)建设单位应将高风险工点的风险控制措施纳入施工图审核的范围，在组织施工图审核时对风险控制措施进行检查、优化和完善，并组织制订风险管理方案。

(10)勘察设计单位须及时提交包括风险控制措施和风险防范注意事项的勘察设计文件，在设计技术交底的基础上，做好风险控制措施和风险防范注意事项的交底工作。

(11)建设单位须将风险管理方案、风险控制措施等纳入知道性施工组织设计上，并将风险管理责任、风险控制措施、风险控制费用等纳入施工合同及监理合同。

(12)施工单位是风险控制的实施主体，必须根据风险评估结果、地质条件、施工条件等，对承担任务范围内的高风险工点逐一进行分析，逐条细化风险控制措施，并编制风险管理实施细则。风险管理实施细则经监理单位审查、建设单位审定后，纳入实施性施工组织计划。

(13)风险管理实施细则应包括相关的安全管理制度、标准、规程等支持性文件，风险管理机构及职责划分，人员安排、培训，现场警示、标示规划，设备器具及材料准备，现场设施布置，作业指导书清单，监控、监测及预警方案，应急预案及演练安排，过程及追溯性记录文件格式和要求等。

(14)施工单位须按风险管理实施细则，明确项目部风险管理部门，配备专职安全风险管理人员，配置专用风险监测设备，对工程风险实施有效监测和管理。

(15)施工单位须按照风险管理实施细则编制高风险工点专项施工方案，专项施工方案经施工单位技术负责人审定后报总监理工程师审查，高风险工点的专项施工方案报建设单位批准。施工单位按批准的专项施工方案组织实施,并派专职安全风险管理人员现场监督。

(16)施工单位须按照批准的专项施工方案编制施工作业指导书和作业标准,组建专业作业队和专业作业班组,配置相应机械设备,严格按专项施工方案组织实施。

(17)施工单位须将有关风险控制措施、工作要求、工作标准,向作业队进行详细的技术交底,向施工作业班组、作业人员进行详细说明,并全程监督作业人员严格按照作业指导书、作业标准施工。

(18)施工单位须对参与高风险工点施工的人员进行针对性的岗前安全生产教育和风险防范培训,未经教育培训或培训考核不合格的人员,不得上岗作业。

(19)监理单位是风险防范及控制的检查单位。监理单位应参加建设单位组织的风险识别和评价,对风险监测方案、专项施工方案、施工作业指导书、作业标准和专业架子队组成及培训教育的实施情况进行检查,实施全过程监理。

(20)对风险控制工作实施动态管理,已评估并有防范措施的工程风险发生变化的,建设单位须立即组织勘察设计、施工和监理单位研究,确定风险等级,调整风险控制措施。

(21)对施工过程中揭示的未纳入设计的重大潜在风险,建设单位须立即组织勘察设计、施工和监理单位研究,确定风险等级,补充风险控制措施。

(22)极高风险工点实行建设单位和施工单位项目部主要领导安全包保制度,高风险工点实行施工单位项目部负责人和项目部部门负责人跟班作业制度。

(23)铁道部工管中心归口隧道工程风险管理工作,对隧道工程实施阶段的风险控制实施监督,建设单位须及时将隧道风向控制过程中的重大事项及处理建议方案报工管中心;

工管中心应及时组织研究，确定风险防范技术方案。建设单位按确定的技术方案组织实施。

(24)铁路建设工程抢险救援坚持以人为本、科学抢险的方针，遵循统一指挥、分级负责、快速反应、严防次生灾害的原则；按照铁道部风险救援的相关规定组织实施。

(25)铁路参建单位应建立和完善工程安全风险管理体系，以标准化管理为手段，全面、有效地进行安全风险管理。风险管理纳入建设单位考核、设计单位施工图考核和施工、监理企业信用评价范围。

(26)建设单位应将确定的高风险工点以及风险控制情况报铁道部建设司备案。

10. 如何加强对地质灾害风险的控制与管理？

答：(1)强化勘测设计，从源头规避地质灾害风险的控制管理

①强化地质灾害危险性评估

预可研、可行性研究阶段要认真落实地质灾害危险性评估制度，对铁路规划范围内，工程建设中、建成后可能遭遇以及可能引起或加剧的各类地质灾害逐一进行评估，分区分段提出防治措施建议。初步设计、施工图设计(变更设计)阶段要随着地质勘察工作的逐步深入，进一步补充、完善地质灾害危险性评估，落实防治措施建议。地质灾害危险性评估结果要作为各阶段设计文件的组成部分。

②强化地质勘察

严格执行铁路工程地质勘察规范，强化不良的勘察评估，重点加大地震区、库区、西南山区、西北黄土地区、东南沿海等地区铁路建设项目沿线地质灾害调查工作的力度。隐蔽性强、地质条件复杂、对铁路工程影响大的重大隐患点和区域，要补充、加深地质勘察工作。

③按一次性根治原则优化设计

认真落实地质选线、环境选线要求，设计选线时要尽力避让重大不良地段。对难以绕避的地质灾害、经评估认为可能引发地质灾害或者可能遭受地质灾害的工程，要一次性根治的原则进行设计，采取适宜的工程措施，不给施工和运营留下重大隐患；对取弃土场、大型临时工程和过度工程，要根据地质灾害危险性评估结果进行防护设计，工程规模、地点变更时，要补充地质灾害危险性评估。

④加强重点灾害监测设计

对涉及城镇、采空区、区域沉降等的地质灾害治理工程，要在详细勘察的基础上，根据灾害特点设计有效的防治措施，必要时要结合地方政府监测预警体系进行施工监测，可能影响运营安全的，工程竣工验收时要将检测系统一并移交运营管理部门。

(2)严格施工管理，避免引发地质灾害的控制管理

①强化施工技术管理

施工单位要将地质灾害作为最大风险源进行风险管理，逐条细化风险控制措施，严格执行风险工点分级管理和高风险工点带班作业规定。要将地质灾害范围纳入专项施工技术方案和作业指导书，严格卡控关键工序和关键环节，地质灾害治理工程完成后方可进行下一道工序施工。

②加强现场管理

选择临时办公场所、工棚选址、居住地址及设备安置场地时，必须避开地质灾害危险点。对施工过程中产生的危岩、不稳定斜坡等要及时采取稳妥治理措施消除隐患，并加强监测预警。施工弃砟、抽排地下水等要符合设计要求，避免引发泥石流、地面塌陷、开裂沉降等地质灾害。

③强化重点地区、重点时段地质灾害防治

东南、华南、西南等山地丘陵施工要着重防范强降雨可能引发的突发性地质灾害，尤其要防范崩塌、滑坡、泥石流灾害。华北、西北黄土地区施工要做好黄土塬边缘崩塌、滑坡、沟口泥石流及采空区灾害的防治工作。汛期是地质灾害防治的关键时段，要深入开展汛前、汛中大检查，有针对性地对严重病害和防排水系统的缺失进行预防性整治。

④强化施工临灾避险和应急救援

对施工过程中出现灾害前兆、可能造成人员伤亡和重大财产损失的区域和地段，施工单位要迅速组织有效的监测预警和临灾避险；对已经发生的地质灾害，施工单位要迅速启动应急预案，采取有效的排危、除险、救援措施。

(3)严格建设管理，强化执法监督的控制管理

①强化建设项目审查

建设单位要将地质灾害防治纳入建设项目审查工作中，在组织施工图、施工组织设计审核时，要对地质灾害危险性评估及防治措施进行重点审核，并提出改进意见；项目开工时，要重点对地质灾害危险性评估、防灾预案等进行审查。

②强化地质灾害治理检查和验收

要充分发挥专家和专业队伍的作用，对勘察设计单位提出的、以地质灾害为重大风险源的高风险工点及风险等级建议要组织专家论证。建设单位每年汛期前要开展地质灾害隐患专项检查，加强对高风险工点的动态巡查。地质灾害防治工程要与铁路主体工程同时验收。

11. 风险管理有何意义？

答：控制风险并且有效规避风险，驾驭风险，保证人民生命财产的安全。风险管理具体意义：

(1)有利于企业在面对风险时做出正确的决策，提高企业应对能力。在经济日益全球化的今天，企业所面临的环境越

来越复杂,不确定因素越来越多,科学决策的难度大大增加,企业只有建立起有效的风险管理机制,实施有效的风险管理,才能在变幻莫测的施工环境中做出正确的决策。

(2)有利于企业经营目标的实现,增强企业经济效益。企业经营活动的目标是追求股东价值最大化、利润最大化,但在实现这一目标的过程中,难免会遇到各种各样的不确定性因素的影响,从而影响到企业经营活动目标的实现。因此,企业有必要进行风险管理,化解各种不利因素的影响,以保证企业经营目标的实现。

(3)有利于促进整个国民经济的健康发展。企业是国民经济的基础,企业的兴衰与国民经济的发展息息相关。因此通过实施有效的风险管理,降低企业的各种风险,提高企业应对风险的能力和市场竞争能力,以企业的健康发展促进整个国民经济的良性发展。

(4)进行工程项目风险和不确定分析可以加强对风险的把握和控制,避免在变化面前束手无策,在项目风险和不确定分析的基础上作出的决策,在一定程度上可以降避免决策失误造成的巨大损失,有助于决策的科学化。

12. 工务施工产生风险的主要危险源有哪些?

答:(1)路基施工产生风险的主要危险源有:

①地下、地上管线及行车设备施工前未进行勘探并采取保护措施。

产生的风险:造成地下、地上管线及行车设备损伤或损坏,危及行车安全。

②材料、机具清理不及时或堆码不牢固。

产生的风险:造成侵线、危及行车安全。

③未按规定设置和看管临时道口。

产生的风险:危及行车安全和人身安全。

④机械、设备作业未采取防护措施。

产生的风险：侵线、倒塌、危及行车安全和人身安全。

⑤爆破作业未制订可靠方案。

产生的风险：盲目施工，危及行车安全，人员受到伤害。

⑥慢行施工、封锁施工未按规定要点、登记、未按规定设置防护。

产生的风险：造成延点、危及行车安全和人身安全。

⑦未对既有路基采取支护、防护措施。

产生的风险：造成既有路基坍塌，危及行车安全和人身安全。

(2)轨道施工产生风险的主要危险源有：

①未按规定设置防护。

产生的风险：造成延点、主要是危及行车安全和人身安全。

②未确定施工命令、误判、臆测给点。

产生的风险：造成延点、主要是危及行车安全和人身安全。

③施工前未经设备管理单位同意，擅自拆除轨道信号连接线或轨道电路连接线，电气化区段未设置轨道回流线。

产生的风险：危及行车安全和人身安全。

④线路未封锁、未设置防护就提前上道作业；施工准备时超范围作业；向营业线路内安放滑轨，预铺的新设备不平稳、垮塌滑行侵入限界，工机具放置侵线，双线路段未设置安全警戒线或隔离措施。

产生的风险：危及行车安全和人身安全。

⑤施工作业没有统一指挥，现场现场组织混乱，工机具随手乱丢乱放侵入限界；拆除钢轨、轨枕及其他材料侵入临线限界，无缝线路区段超出锁定允许轨温范围松动或拆卸

扣件、扒挖道床、钢轨切口等作业，作业人员在既有线行走、坐卧休息。

产生的风险：危及行车安全和人身安全。

⑥线路开通未按规定进行三方检查确认，盲目登记销点，线路设备未进行及时交接造成养护不到位或中断等。

产生的风险：危及行车安全和人身安全。

(3)桥涵施工产生风险的主要危险源有：

①施工前未按规定办理相关手续，施工未列入施工计划。

②施工人员未按规定进行教育培训。

③施工前未进行地下管线探测。

④上道作业无专人防护，来车不按规定下道避车。

⑤防护员、驻站违反工作制度。

⑥电气化作业区段施工时未按规定办理停电手续，就盲目作业。

⑦机械设备、材料侵入限界。

⑧在自动闭塞区段施工工机具未采取绝缘措施。

⑨无缝线路箱桥顶进架空作业时未进行应力放散。

⑩线路施工封锁，不按批准的施工项目施工或超前准备、超范围施工。

⑪慢行条件下施工，无防护员值班。

⑫箱涵顶进作业，挖土违反规定，造成路基坍塌。

⑬线路架空，支点采用桩基础时，达不到设计深度。

⑭改建桥涵施工时，未对既有墩台采取。

⑮营业线增建二线桥涵施工，未采用合理措施，影响营业线桥涵施工和路基稳定。

⑯跨线桥施工，设备安全系数不足。

以上项目所产生的风险：危及行车安全和人身安全。

三、应急管理和应急预案

1. 什么是应急管理？

答：应急管理从文字面上理解为对紧急情况的处理。突发事件应急管理就是针对可能发生或已经发生的突发公共事件，为了减少突发事件的发生或降低其可能造成的后果和影响，达到优化决策的目的，对突发事件的原因、过程及后果进行一系列有计划、有组织的管理。

2. 什么是安全生产应急管理？

答：安全生产应急管理是根据风险控制原理，风险大小是由事故发生的可能和其后果严重程度决定的，发生的可能性越大，后果越是严重，则事故的风险就越大。因此，控制事故风险的根本途径有两条：一是事故预防，防止事故的发生或者降低事故的可能发生；二是应急管理。

3. 安全生产应急管理的基本任务是什么？

答：(1)完善安全生产应急预案管理体系。

(2)健全和完善安全生产应急管理体系体质和机制。

(3)加强安全生产应急管理队伍和能力建设。

(4)建立健全安全生产管理规章制度体系。

(5)坚持预防为主、防救结合，做好事故防范工作，重点做好风险源控制、隐患排查和隐患整改工作。

(6)做好安全生产事故救援工作。

(7)加强员工培训(资格培训、岗前培训、素质教育、应急知识培训)和日常宣传工作。

4. 什么是应急预案管理？

答：应急预案又称应急计划或应急急救预案，是针对可能发生的事故，为迅速、有序地开展应急行动、降低人员伤亡和经济损失而预先制订的有关计划或方案。

5. 应急预案有何作用?

答:(1)事故预防:是通过危险源辨识、事故后果分析,采用技术手段降低事故发生的可能性,或将已经发生的事故控制在局部,防治事故扩散蔓延,并防止事故滋生、衍生,同时,通过编制应急预案并开展相应的培训,进一步提高各层次人员的安全意识,从而达到事故预防的目的。

(2)应急处置:一旦发生事故,通过应急处理程序和方法,可以快速反应并处置事故或将事故消除在萌芽状态。

(3)救援抢险:通过编制应急预案,采用预先的现场抢险和救援方式,对人员进行救护并控制事故的发展,从而减少事故造成的损失。

6. 应急预案的目的是什么?

答:(1)采取预防措施事故控制在局部,消除蔓延条件,防止突发性重大或连锁事故发生。

(2)能在事故发生后迅速控制和处理事故,尽可能减轻事故对人员及财产的影响,保障人民生命和财产的安全。

7. 如何编制应急预案?

答:应急预案的编制必须以科学的态度,在全面调查的基础上,实行领导与专家相结合的方式,开展科学分析和论证,使应急预案真正的具有科学性。应急预案符合使用对象的客观情况,具有实用性和控制性,以利于准确、迅速控制事故。

(1)基本要求

①分级、分类制订应急预案内容。

②做好应急预案之间的衔接。

③结合实际情况,确定应急预案内容。

(2)编制步骤

①成立预案编制小组。

②对项目进行危险源辨识和分析以及风险评估。

③组织应急预案编制。

④应急预案进行评审，评审通过后予以公布。

(3)应急预案编制的内容

①应急预案概况。

②预备程序。

③准备程序。

④应急程序。

⑤恢复程序。

⑥预案管理与评审。

8. 应急响应的标准是如何规定的？

答：(1)应急响应标准。根据《生产安全事故报告和调查处理条例》确定的事故等级，应急响应相应分为Ⅰ、Ⅱ、Ⅲ、Ⅳ级。

①Ⅰ级应急响应(特别重大事故)。

②Ⅱ级响应(重大事故)。

③Ⅲ级响应(较大事故)。

④Ⅳ级响应(一般事故)。

(2)应急响应启动。应急响应启动分为基本响应、相关成员单位响应、铁路建设工程事故应急响应、事故发生单位响应。

9. 什么是应急响应？

答：(1)基本响应。铁路建设工程事故一旦发生，事故责任单位和现场人员必须立即向铁路局铁路建设工程事故应急领导小组及办公室报告，启动施工现场应急预案，抢救伤员，保护现场，设置警戒标志。铁路建设工程原因引起营业线发生铁路交通事故响应，应按《铁路局处置铁路交通事故应急预案》启动应急响应。各建单位积极协调、配合、参与响应。

(2)相关成员单位响应。各相关成员单位要保持通信畅通，加强与铁路局铁路建设工程事故应急领导小组办公室之间的联系。依据相关职责，组织或协调开展处置工作。

(3)铁路建设工程事故应急响应。

①立即启动本单位(机构)铁路建设工程事故应急预案和应急指挥系统，主要负责人应立即赶往现场。

②具体组织协调、指挥参加单位的专家和人员赶赴现场，组建现场指挥部，采用相关措施，防止事故进一步扩大，避免滋生灾害可能造成的抢险救援人员伤亡事故。

③及时掌握现场情况，随时向铁路局铁路建设工程事故应急领导小组办公室报告。

④协调做好后勤保障工作。

⑤协调现场指挥部做好上级部门的交办的其他应急相关工作，并负责追踪落实。

⑥必要时向铁路局铁路建设工程事故应急领导小组办公室报告，请求相关部门和单位参与处置。

10. 事故发生单位应急响应时应做哪些工作?

答:(1)立即启动本单位铁路建设工程事故应急预案和应急指挥系统，主要负责人立即赶赴现场。

(2)立即组建现场指挥部，采取相应措施，防止事故进一步扩大，避免滋生灾害可能造成的抢险人员伤亡事故。

(3)及时掌握现场情况，随时向铁路局铁路建设工程事故应急领导小组办公室报告。

(4)做好受伤人员的救护和医疗工作。

(5)做好事故现场保护工作。因求救伤员、疏导交通等原因，需要移动现场物件时，应做出标志，绘制现场简图并做好书面记录，妥善保存现场主要痕迹、物证、有条件的可以拍照或录像。

11. 应急响应结束后如何做好新闻发布工作?

答:铁路局铁路建设工程事故应急领导小组负责铁路建设工程事故新闻发布工作,正确引导舆论导向。应急响应结束后,应及时通过新闻单位发布有关消息。

12. 应急响应结束后应做好哪些工作?

答:(1)当事故处置已基本结束,滋生、衍生和事故危害被基本消除,应急响应工作即告结束。铁路建设工程事故应急按照“谁启动、谁结束”的原则,宣布应急响应结束。

(2)各参与应急响应单位的现场指挥,要对铁路建设工程事故预防预警、应急救援、处置等情况进行总结,写出总结报告,报给铁路局铁路建设事故领导小组办公室,办公室视铁路建设工程事故灾害情况向铁道部、地方人民政府提交总结报告。

(3)善后工作

①善后处理。发生铁路建设工程事故,按照国家、铁道部有关事故和调查处理的规定,对事故进行调查、处理。调查、处理工作要本着“四不放过”的原则,查明原因,追究责任,吸取教训,制订措施,确保安全。

②经济赔偿。按铁道部《引起铁路行车事故的工程质量责任调查及经济损失赔偿暂行规定》(铁建设〔2007〕79 号)有关规定执行。

③恢复施工。应急响应结束后,应尽快消除事故影响,妥善安置和慰问受害及受影响人员,维护社会稳定。铁路局各建设项目管理单位(机构)要实事求是、客观公正地确认工程损坏程度,及时提出补救措施,完善变更设计手续,落实工程复工条件,尽快恢复正常施工。

④总结及修改预案。铁路局铁路建设工程事故应急领导小组办公室要对全过程进行总结,分析应急处置教训,提出改进措施,报领导小组同意,及时修订本预案。

⑤奖励与责任追究。对实施应急预案行动中表现突出的单位和人员，有各级应急领导小组（机构）做出决定，给予表彰和奖励。对玩忽职守、严重失职的，根据国家有关法律的规定，按照管理权限，给予行政处罚；构成犯罪的，依法追究刑事责任。

四、安全与效益

1. 什么是安全？

答：安全是免除了不可接受（不可容许）的损害风险的状态。

2. 什么是效益？

答：效益是效果主要体现于单位（集团或集体）的财政收入用词。效益与效果是有明显区分的。效益是指项目对国民经济所作的贡献，它包括项目本身得到的直接效益和由项目引起的间接效益。

3. 安全与效益的关系是什么？

答：安全就是效益；安全就是声誉；安全就是生命；安全就是幸福；安全就是和谐。

第二部分　营业线施工与管理

一、营业线施工和施工范围

1. 什么是营业线施工？

答：有人、有机械、作业有环节、作业有阶段性的进行；施工有设计、施工有预算（资金来源）、施工有合同、施工有组织（工程指挥者的级别或技术职称相当高）、施工有计划、施工有方案、施工有技术措施、施工有安全措施；整个建设工期比较长；整个作业过程的技术含量比较高；影响营业线设备稳定和使用，影响行车安全的各种施工，施工作业必须纳入月度施工计划，并在车站办理封锁或慢行手续。在施工前要对施工的各个环节存在的风险，进行针对性、科学性的评估，并且在施工过程中能够成功地规避风险，整个施工能得到一定的效益。

2. 营业线施工范围的项目包括哪些？

答：（1）线路及站场设备技术改造，增建双线、新线引入、电气化改造等施工。

（2）跨越或穿越线路、站场的桥梁、人行过道、管道、渡槽和电力线路、通信线路、油气管线等设备的施工。

（3）在铁路线路安全保护区内进行影响限界、路基稳定的各种施工及爆破作业。

（4）线路大、中修，路基、桥隧大修。

维修作业是指作业前后不改变行车速度的营业线施工。维修作业纳入维修天窗计划，并在车站办理相关登记手续。

3. 营业线Ⅰ、Ⅱ、Ⅲ级施工范围的项目包括哪些？

答：（1）Ⅰ级施工：对运输影响较大的大型站场改造、新线引入；主要干线换(移)梁，更换正线道岔、上跨(对运输影响较大的下穿)铁路结构物等施工。

(2)Ⅱ级施工：

①主要干线封锁线路施工 3h 以上，影响信联闭 4h 以上的施工；

②其他干线封锁线路 4h 以上，影响信联闭 6h 以上的施工。

(3)Ⅲ级施工：除Ⅰ、Ⅱ级施工以外的各类施工。

4. 营业线线路设备大修施工范围的项目包括哪些？

答：(1)线路大修(线路上的钢轨疲劳伤损，轨型不符合要求，不能满足铁路运输需要时，必须进行线路大修)。

(2)整段更换再用钢轨(整修轨)。

(3)成组更换道岔和岔枕。

(4)成段更换混凝土枕。

(5)道口大修。

(6)隔离栅栏大修。

(7)其他大修(以上未涵盖的线路设备大修项目列其他大修)。

5. 营业线桥隧建筑物大修施工范围的项目包括哪些？

答：(1)桥梁大修施工

①整孔更换桥面，包括整孔更换桥枕，换铺分开式扣件，更换护轨，钢梁上盖板、上平纵联的保护涂装，更换上盖板松动、烂头铆钉等；

②更换或增设整孔人行道和安全检查设备(包括：避车台，防火设备)；

③整孔钢梁或整个钢塔架的重新涂装或罩涂面漆；

④加固钢梁或钢塔架，包括更换、加固、修理损伤杆件，提高承载能力，扩大建筑限界，改善不良结构，更换大量铆钉和

高强度螺栓；

⑤更换支座，包括跨度 80 m 以上钢梁支座的起顶整正；

⑥更换钢梁或圬工梁；

⑦整孔圬工梁裂缝注浆、封闭涂装或钢筋混凝土保护层中性化裂损、钢筋锈蚀整治；

⑧更换或增设整孔圬工梁拱防水层；

⑨圬工梁横隔板加固、横隔板断裂修补、梁体加固；

⑩加固圬工墩台及基础；

⑪更换墩台；

⑫更换或修复支撑垫石、更换折断的支座销钉；

⑬修复或加固防护及河调建筑物；

⑭整治威胁桥梁安全的河道；

⑮调整线间距的移梁施工；

⑯更换整孔人行道步行板；

⑰加固或恢复桥涵限高防护架。

(2)隧道大修施工

①加固、更换、增设衬砌或扩大限界；

②加固洞门；

③加固明洞；

④成段翻修铺底、仰拱或整体道床：

⑤整治漏水，改善和增设排水设备；

⑥整治洞口边坡、仰坡；

⑦修理或更新隧道照明及机械通风。

(3)涵洞大修施工

①加固涵洞，更换盖板；

②修复或加固防护及河调建筑物；

③整治危及涵洞安全的河道。

(4)站内机车检查坑，地道、天桥大修施工。

二、营业线施工管理

1. 施工单位在接到批准的设计文件后，应做好哪些工作?

答:(1)详细了解设计文件内容，编制施工组织设计，以确定施工组织、施工方法、施工步骤、工程进度和安全防护措施，对施工较复杂的工程，必要时绘制施工网络图。

(2)充分做好施工前的准备工作，特别要做好施工计划，以及材料、机具和劳力等具体安排，保证大修任务按计划进行。

(3)每件大修工程开工前，应组织设计及有关人员向施工人员进行技术交底。对重点大修工程，铁路局主管部门应派员参加。

(4)应视工程规模的大小、性能实施工程监理制度。工程的监理应严格执行铁道部发布的《铁路建设工程监理规范》中的各项条款。

(5)建立施工安全质量负责制，严格按照设计文件和有关施工规范、规则和有关规定施工，确保人身安全和工程质量。

(6)大修封锁施工，必须充分做好施工前的各项准备，特别是重大复杂工程的封锁施工，在施工前应将施工方案、施工步骤、封锁时间、人员分工、安全注意事项及质量要求，详细向职工交底，保证安全正点，质量良好地进行施工。

(7)每日施工的内容、安全、质量、使用材料、施工方法以及施工中发现的主要问题及处理情况等，工地负责人应详细记载在《桥隧施工日志》内。隐蔽工程应填写在《隐蔽工程检查验收记录表》，有监理或监护人填写记录并签名。

(8)工程使用的主要材料应提供材质说明书和合格证，并按有关规定进行检验，检验合格并经监理或监护员审核签认后，才准使用和运往工地。使用代用材料时，应征得原设计单位同意。

(9)加强料具管理，建立和健全料具的保管、领发盘点等制度，防止散失或受损；应特别注意对易燃、爆炸、有毒及受潮变质材料的保管工作，以及动力设备、施工机械、运输工具等主要生产机具的保养和管理工作。

(10)在营业线施工，施工单位必须与工务设备管理单位、行车组织单位必须签订施工安全协议。

2. 对施工负责人的要求是如何规定的?

答:施工负责人应具备与所负责的施工项目和施工等级相应的职务、组织协调能力、现场经验和理论水平以及处理突发事件的应急应变能力。非运营单位的施工项目经理、副经理，安全、技术、质量等主要负责人必须经铁道部或铁路局营业线施工安全培训。未经培训或培训不合格的人员不得担任上述工作。施工负责人是确保施工质量和安全的关键，施工单位应按施工的复杂程度和施工防护条件确定施工负责人。线路、桥隧施工负责人的最低职务应符合规定要求，严禁以低职代高职。施工负责人对施工质量、安全工作全面负责，施工负责人全面掌握施工现场指挥权。施工应按照程序和规章规定进行。不得违章指挥、违章作业。各级干部和安全监控人员应对现场安全进行监控，监控时不应代替施工人员作业，更不能干扰施工负责人对施工的指挥。

3. 施工负责人必须严格遵守哪些规定?

答:(1)开工前，应有针对性的对全体人员(含劳务工)进行安全教育和技术交底。

(2)指派的防护员必须由经过培训并考试合格的员工担任，并持证上岗。

(3)施工前，要做好充分准备，并提前向设备管理单位进行技术交底,应按审定的方案做好各项准备工作,确认信号备品、机具、材料齐全完好,安全关键岗位和配合人员已就位,封锁或慢行命令无差错,防护已设好,各项安全措施已落实,方可发布施工命令。

(4)施工中,应严格按审定的方案作业,随时掌握进度与质量,监督施工人员执行各项安全规定,消除不安全因素,并保持与防护员之间的联系。

(5)线路开通前(经设备管理单位确认后,方可申请开通线路),应认真进行质量检查,确认线路设备状态达到放行列车的条件。机具、材料不得侵入限界,并做好记录。

(6)列车通过后,应组织复查整修,确认线路、桥隧等设备质量达到规定要求并做好记录后,方准收工。

(7)在施工阶段中,当接到设备单位施工监护员填发的“施工安全整改通知书”和填发的“营业线施工停工通知书”。施工负责人立即组织人员立即纠正。纠正验收许可后方可进入下一环节的施工。

(8)施工前必须对施工中存在的风险进行科学的评估并制定措施。

(9)制定施工计划施工单位根据天窗时间,人员、机具、材料、方案等科学安排施工量,施工前应进行预想,分工合理,避免延点销记施工令影响列车运行。

(10)制定施工方案,施工项目及负责人、作业内容、地点和时间、影响及限速范围、设备变化、施工方式及流程、施工过渡方案、施工组织、施工安全和质量的保障措施、施工防护办法、列车运行条件、应急预案、施工安全协议书等基本内容。

4. 开工前必须做好哪些安全卡控制度?

答:(1)施工准备:明确技术条件和标准,工前对施工人员做详细的技术交底。对施工用料、机具、车辆详细检查,确保状态良好，并对材料按规定进行抽检，严禁在工程建设中使用不合格材料。

(2)施工前核对和工务、电务、通信、车务等部门签订的施工安全协议。对施工中的各个环节进行安全预想，对可能出现的问题制定相应的应急措施；对全体施工队伍作安全教育，落实各项卡控制度。

(3)了解作业天窗分为几种，各有什么要求。天窗分为施工天窗和维修天窗。维修天窗原则上应安排在昼间，并满足作业轨温条件。

施工天窗：线桥大、中修及大型机械作业不应少于180 min。

维修天窗：应根据维修作业需要合理安排。

“天窗”：是指列车运行图中不铺划列车运行线或调整、抽减列车运行线，为营业线施工、维修作业预留的时间，按用途分为施工天窗和维修天窗。

“天窗修”：是在列车提速、重载，列车间隔密度不断加大的形势下，产生的行车设备修理制度，是解决施工与运输矛盾的有效手段。“天窗修”为施工单位创造了良好的施工作业环境，不仅消除了利用列车间隔施工作业的安全隐患，而且减少了对运输的无序影响，提高了施工质量。天窗制度是实现“行车不施工，施工不行车”的根本保证。施工单位应按给定的天窗时间预先做好施工作业计划，保证施工正点。运输组织部门不得随意改变施工方案和维修天窗计划规定的时间。施工单位在天窗施工前应必须提前与设备管理单位联系。

5. 施工单位在施工中必须建立哪些制度？

答：(1)施工三检制——在每次开工前、施工中和线路开通前，施工负责人应组织有关人员分别按分工地段对施工准备、施工作业方法和线路设备状态进行检查。

(2)巡查养护制——施工现场应设置巡养人员,对施工地段进行巡查和养护,发现并及时消除危及行车安全的处所。

(3)工序交接制——前一工序应给后一工序打好基础,在前一工序完成后,应由施工负责人组织工序负责人进行交接。

(4)隐蔽工程分阶段施工制度——每阶段完成后,施工单位应会同接管单位共同检查,并填写记录,确认符合设计要求,方准开始下一阶段施工。

(5)岗前培训制度——新工人上岗前必须经过安全教育和技术培训,经考试合格方准上岗。采用新工艺、使用新设备时,必须首先制定安全保证措施和操作规程,并对职工培训后方准进行操作和调试。

(6)安全检查分析制度——施工安全工作应抓早、抓小、抓苗头、抓薄弱环节,应定期加强检查,重点加强季节性、节假日和工地转移前后的检查,及时消除隐患。应组织开展事故预想活动,预防事故的发生。对事故苗头和事故应及时分析、处理,吸取教训。

6. 施工单位施工时设备管理单位应做好哪些工作?

答:为保证施工质量,应做好质量检查和监督工作:

(1)铁路局应指派专人认真检查大修工程的安全质量情况。工务段应与施工单位密切配合,指派有关人员经常检查管内大修工程的安全质量。如有必要还应签订有关协议,明确安全责任。

(2)隐蔽部分的施工、关键工序,现场应旁站监理或监护。施工单位必须派技术人员临场检验,并应事先通知工务段派员会验,检验合格方可继续施工并应详细填写《隐蔽工程检查验收记录簿》。重大工程应通知铁路局进行检验。

(3)工务设备管理单位应派监护人员对施工单位对施工单位的作业进行全过程监督,发现质量不合格及施工安全存在隐患时应责令施工单位立即纠正，填发“施工安全整改通知书”；发现危及行车安全时，必须果断采取限速或封锁线路措施，并责令其停工，填发“营业线施工停工通知书”。

7. 施工单位在施工中应建立哪些严格的检查制度？

答：(1)工地负责人应在每日工作中、收工前，对当日作业质量和安全情况进行全面检查。

(2)严格执行《铁路营业线施工安全管理办法》的规定。施工单位应加强经常性技术指导，至少每月进行一次检查，尤其是封锁施工时，主管领导必须亲自检查。

(3)对委托或发包给其他单位施工的单项工程，施工单位应派专人负责现场施工的工程质量和施工安全的检查监督，严禁以包代管。

(4)架空线路或慢行施工，应派专人对线路变化情况进行检查，及时对线路不良处所进行整修和保养，并做好记录。

8. 对施工单位大型工程机械作业和特种行业作业的有哪些具体要求？

答：在铁路安全保护区内，挖掘机、装载机、推土机等大型工程机械进行有碍行车安全的施工，应与电务、通信、水电等部门签订安全协议，提前确定并明确标注电缆及地下管道走向，必要时应予以开挖。施工时，设备管理单位配合人员应在现场监控。进入建筑接近限界以内的机械施工，应在“天窗”内进行，设置一机一人专人防护，列车接近前应停止作业。停工时，机械停放于安全地点，并派人看守。大型工程机械、特种行业操作人员必须具有授权单位颁发的有效操作证方可进行作业。

9. 工程竣工后施工单位应做好哪些工作？

答：(1) 由于施工影响拆除和受损部分，应全部恢复原状。

(2) 及时清理工地;清除河道中遗留阻碍水流的障碍物和桥梁附近的易燃物;清理和回收遗存的材料、工具、备品;对换下的枕木、钩螺栓、步行板等材料均须整理堆码整齐,点交工务段保管或处理,换下的旧钢梁,按铁工务函〔1995〕288 号《未使用钢梁管理办法》的规定,与工务段办理交接手续。

(3)正式验交前,施工单位按规定向设备管理单位提交竣工资料。施工单位应将施工记录和竣工图等资料整理齐全。技术复杂,采用新技术、新工艺的大修工程,应做好施工技术总结,交付验收。

10. 施工单位和设备管理单位对未验交的设备是如何规定的?

答:施工单位必须每天巡查一遍、每三天全面检查一遍;设备管理单位也要加强检查,并将检查发现的问题当日书面交施工单位。施工单位要接受运输、设备管理单位和部门安全监督检查人员的监督,对检查出的问题要立即整改。营业线基建、更新改造项目的施工必须遵照"建成一段,投产一段"的原则,及时验收交接、拨接开通。未经验收合格的工程不得拨接开通使用。建设单位按照铁道部《铁路建设项目竣工验收交接办法》及时组织工程验收交接。验收交接工作要在开通使用前进行,且必须有施工领导小组成员参加。竣工验收交接后,方能正式移交使用单位运营或投产使用,未办理验收交接或验收不合格的工程不得交付使用。

11. 工程竣工后如何做好验收工作?

答:(1)施工单位要严格按批准的设计文件和施工方案进行施工,确保工程质量。基建、更新改造项目必须达到设计规范、施工技术指南和《工程质量检验评定标准》、《工程质量验收标准》要求,且竣工资料齐全后方可申请验交开通。工程经检查后,纠正工程的缺点和缺陷工作未完成的,不得验收。凡正式办理验交手续的线路及设备，均应由设备管理单位负责维修养护。

(2)工程竣工后，应先由施工单位按设计文件和桥隧建筑物大修维修作业验收标准逐级检验施工质量，并作出检验记录及质量评定。如质量不合格或有漏项等缺陷，应及时整修完好，同时备齐竣工文件，报请铁路局验收，并通知有关工务段。

(3)铁路局在接到施工单位申请办理正式验收的报告后，应立即组织验收，经验收合格，提供的竣工文件齐全后，组织工务段和施工单位办理验交手续。

(4)经验收人员检查认为工程内容符合设计文件，工质量符合验收标准的要求、竣工文件齐全完整时，验收人即应签发《大修竣工验收证》，如检查认为不合要求时，应指出不合格处所和改正意见，由施工单位继续整修，限期完成，达到标准时，再行复验。工程的施工质量，以每件工程为单位综合评定，分为"合格"、"不合格"两个等级。

合格——全部工作项目的质量达到合格及以上。

不合格——任何一项工作项目的质量未达到合格。

若不合格项目返工整修，经复验达到合格，评为"合格"。

(5)由施工领导小组成员单位联合检查并确认达到《工程质量检验评定标准》要求，经竣工验收交接后方可开通。

12. 施工案例中存在"危险源"的辨识。

【案例一】　宁西线25107次货物列车脱轨重大事故

事故概况：2004年10月5日3时43分，25107次货物列车(编组51辆，换长65.7，总重3 060 t)由新丰镇机务段$SS_4$823号机车牵引(补机$SS_4$8819号)运行至宁西线西安局商南——试马间K337+620处，因列车后运行方向右侧挡土墙突然坍塌，造成25107次本务机车脱轨。机车中破1台，接触网支柱折断 1 根，线路损坏 50 m。中断宁西线行车 28 h 48 min。直接经济损失 348.1 万元。构成货物列车脱轨重大事故。

案例分析：经现场勘察取证认定，造成这起事故的原因如下：

(1)施工质量不高

①宁西线 K237＋625～K237＋655 处挡墙砌体未按设计要求采用挤浆法施工，砂浆松散，空隙空洞较多，砂浆与片石粘接不良，局部为碎石填充，根本就没有砂浆，导致砌体强度降低。

②护坡采用厚度为 0.5 m 的等截面设计，坡率为 1∶1，而现场实测厚度仅为 0.17～0.4 m，存在着厚度不足。

③挡墙墙背反滤层及泄水孔未按规定设置。现场实测泄水管长度仅为 0.08 m(墙厚 0.6～0.8 m)，部分泄水孔堵塞严重，且未设置反滤层，墙背渗水无法排除。

④该段地质情况与设计说明存在较大差异，在施工中，施工单位未将这一情况及时通知设计单位，仍按原设计施工，导致防护加固设施整体强度不足。

(2)施工设计存在缺陷

①设计单位对该地段防护工程原设计采用的前提条件是墙背岩性为大理石夹片岩，据此计算墙背土压力，确定挡护墙结构尺寸。但实际墙背土体主要为砂黏土和膨胀土，其土力学计算参数与设计采用相差甚远。

②施工期间现场配合不到位。工程期间设计单位的施工配合工作不实不细，没有及时发现该地段地质情况与设计存在着较大的差异，没有及时修改设计使之适用现场的情况。

③设计调查工作存在缺陷。现场勘查很容易就可以发现该地段岩层结构属于不整合结构，为地质不良地段，应采取针

对地质不良地段的特殊防护加固设计，但实际采用的是挡土墙定型图，不切合实际。

④事故发生期间，该地段累计降雨量为 82.4 mm，地表水沿护墙上部未封闭的缓坡坡面渗入挡土墙背后，造成墙背后土体容重增大，抗剪强度降低，在自重及列车动载的作用下，最终沿墙背岩层破裂面产生剪切破坏，造成挡土墙突然坍塌。

(3)通过上述案例分析，确定辨识的“危险源”

设计“意识”、质量“意识”、“地质灾害”、“ 自然灾害”是导致事故最大的“风险”。对“达到岗位”施工质量标准存在的隐患“估计不足”，工程施工中监护“不到位”，职工业务技术水平还没有真正的“达不到”要求，没有质量意识，也是导致这次事故的“风险”的源头。日常“应急预案”管理“不到位”。

(4)从中吸取的教训

加强地质灾害的勘测设计、提高质量意识、提高风险意识、提高自然灾害意识。提高风险意识加强风险意识的管理，从源头把关，正确规避风险。加强职工素质教育和业务技能的“培训”。

【案例二】 湘黔线 1326 次旅客列车脱轨事故

事故概况：2004 年 7 月 18 日 4 时 51 分，重庆开往杭州的 1326 次了旅客列车(编组 19 辆，总重 1 050 t，换长 45.4)有怀化机务段 SS7C0139 号机车牵引运行至湘黔线加老——宝老山区间上行线 K692+178.5 处，撞上运行方向右侧堑坡崩塌上道的泥石，机上运行方向第 1、2、3 轮对脱轨。造成机车、行李车小破，中断上行线行车 3 h 59 min。构成旅客列车脱轨大事故。

案例分析：经现场勘察取证认定，造成这起事故的原因如下：

(1)2004 年 7 月 17 日～18 日，湘黔线连续下暴雨、大暴雨。岩英线路工区雨量检测仪数据显示，7 月 17 日 16 时 42 分至 21 时 30 分，总雨量达到 51.3 mm；7 月 17 日 6 时至 7 月 18 日 6 时总雨量达到 73.5 mm。

(2)事故地点为长度 14 m 的双侧路堑，路堑左高右低，属于山地斜坡。坍塌路堑坡下部坡度 1∶0.2，上部坡度 1∶1。岩层为强风化白云质灰岩，节理发育。

综合现场勘查分析，引强降雨致使地表水顺严重风化白云质灰岩下渗，导致含水饱和，突发崩塌上道掩埋线路，是导致这次事故的直接原因。

(3)通过上述案例分析，确定辨识的“危险源”：对山区铁路的“地质灾害”的“突发性”，不确定性“认识不足”，防洪意识淡薄，对防洪工作还是认识不到位，达到警戒了雨量，还不落实雨中检查制度就是最大的“风险”。职工业务技能水平还没有真正的“达到岗位”要求，也是导致这次“事故”的“风险”的源头。

(4)从中吸取的教训：提对高自然灾害的意识。加强防洪的管理工作的落实制度，认识到防洪工作的重要性，坚决克服“麻痹思想”。坚决和认真执行《暴风雨行车办法》、《雨强警戒办法》。提高风险意识加强风险意识的管理，从源头把关，正确规避风险。加强职工素质教育和业务技能的“培训”。

【案例三】 津浦线 62423 次货物列车挂撞护轮轨险性事故

事故概括：2004 年 6 月 10 日 4 时至 6 时，按照施工计划封锁津浦下行线 0～8 km，进行大机捣固作业，6 时整施工结束后，大型机械车撤离施工现场开通线路。6 时 22 分，开通后放行的第一列 62423 次货物列车行至津浦线 2 号桥上 K2＋695 处，由于放置在道心内的桥梁护轮轨轨端翘起侵限，将

62423次货物列车机车邮箱撞漏。构成货物列车刮撞护轮轨险性事故。

案例分析：经现场勘察取证认定，造成这起事故的原因如下：

经分析，造成事故的直接原因，是由于拆卸下的护轮轨放置道心后未按规定加固，开通前现场安全检查“不到位”，造成护轮轨轨端“侵限”。

(1)捣固作业过程中，将固定护轨的木墩碰动，造成护轨轨端翘起后，作业后检查人员只注意了质量的回检，每能及时发现护轨轨端翘起侵限。

(2)现场跟机包干部在线开通前，没有认真进行全面回检。

(3)安全预想不全、不细。没有预测到护轮轨摆放在道心，大机作业后可能侵入限界，没有强调作业后的限界检查。

(4)规章制度不清。《安规》第2.6.7条对道心内放置钢轨有明确规定“两端用卡子卡在轨枕上或穿入木枕钉固……”，对拆卸后的护轮轨违章放置问题，从布置任务到施工现场谁也没有发现制止，反映出从领导到技术职能部门，对安全规章“不清楚”。

(5)“经验主义”作怪。以往多次大机作业，拆卸的护轮轨都是采用同样的方法摆放，没有发生过问题，该处大机作业以后，又有3台大型机械正常通过。因此，在施工领导人用电台呼叫线路是否可以开通的时候，各组包保干部都回答可以开通，“忽略”了对线路的回检工作。

(6)工务(分)处业务指导不力。对签上大机捣固作业，拆卸护轮轨安全措施，没有具体明确细化，致使违章问题没有得到制止。

(7)通过上述案例分析，确定辨识的“危险源”：安全意识

“淡薄”,没有牢固树立“安全”第一的“意识”。施工措施“不完善”,现场监控“不到位”,规章制度“不清楚”,职工业务技能较低,干部责任意识“淡薄”。是这次事故的最大的风险源头。职工业务技术水平较低,也是导致这次事故的风险的源头。

(8)从中吸取的教训:责任明确,切实负责认识到安全工作的重要性。坚决克服“麻痹”和“侥幸”思想。提高“风险意识”加强风险意识的管理,从源头把关,正确规避风险。加强职工素质教育和业务技能的培训。

第三部分　施工安全与施工监护

一、安全规章

1. 对人身安全的基本要求是什么？

答：(1)各单位应经常对员工进行人身安全教育，组织学习安全规章及有关操作技术。员工在任职、提职、改职前，必须经过段或段以上单位教育培训，考试合格。新工人、临时工必须提前进行安全技术教育，并经考试合格，未经安全技术教育或经教育但考试不合格者，不得上道作业。

(2)从事轨道车驾驶、大型养路机械驾驶和操作、钢轨探伤、钢轨焊(熔)接工作及特种设备操作人员，必须经过专业培训、考试合格，取得相应资格，方可上岗。

(3)线桥作业和巡检人员，必须熟悉管内的线桥设备情况、列车运行速度、密度和各种信号显示方法，并主意瞭望，及时下道避车。

(4)步行上下班时，区间应在路肩或路旁走行；在双线区间，应面迎列车方向；通过桥梁、道口或横越线路时，应做到“一停、二看、三通过”，严禁来车时抢越。车站内如必须走道心时，应在其前后设置专人防护。进路信号辨认不清时，应及时下道避车。在避车的同时，必须将作业机具、材料移出线路，放置、堆码牢固，不得侵入限界，两线间不得停留人员和放置机具、材料。人员下道避车时应面向列车认真瞭望，防止列车上的抛落、坠落物或绳索伤人。

(5)严禁作业人员跳车、钻车、扒车和由车底下、车钩上传递工具材料。休息时不准坐在钢轨、轨枕头及道床边坡上。

绕行停留车辆时其距离应不小于 5 m,并注意车辆动态和邻线上开来的列车。

(6)作业前,施工作业负责人和机具使用人员应对机具进行检查,机具状态不良或安全附件失效的机具严禁上线使用。

(7)在地面 2 m 以上的高处及陡坡上作业,必须戴好安全帽、系好安全带或安全绳,不准穿带钉或易溜滑的鞋。

(8)电气化铁路作业

①在电气化区段通过或使用各种车辆、机具设备不得超过机车车辆限界,作业人员和工具与接触网必须保持 2 m 以上的距离。

②在距离接触网带电部分不足 2 m 时,使用高梯搭设脚手架进行隧道的检查、漏水整治、衬砌修理、油刷标志、除冰、隧道口的粉刷装饰、建筑物上作业、桥上使用高压水清洗钢梁和上承载式桁梁和上跨限界检查,必须按规定办理接触网停电申请手续,得到许可停电施工命令,并有接触网工区派人安设临时接地线后方能施工。

③在距离接触网带电部分 2～4 m 的建筑物上施工时,接触网可不停电,但必须由接触网工或经专门训练的人员现场监护。

④发现接触网断线及其部件损坏或在其上挂有线头、绳索等物时,人员不准直接或间接与之接触;在接触网检修人员未到达前,应距断线接地处 10 m 以外设置防护,严禁人员接近。

⑤在接触网支柱及接触网带电部分 5 m 范围以内的金属结构均必须接地,在与接触网相连的支柱及金属结构上,若未装设接地线或接地线已损坏时,严禁人员与之接触。

⑥使用发电机、空压机、搅拌机等机电设备时,应有良好

的接地装置。在可能带电部位，应有“高压危险”的明显标志和防护措施。各种机械与车辆不准用水冲洗；施工用的水管不准跨越接触网，不准用射水方式进行圬工养生。

⑦在电气化区段清除危石、危树，进行爆破作业时，应有供电部门人员配合；有碍接触网及行车安全时，应先停电后作业。

⑧施工中，任何作业均不得影响接触网支柱、地锚等设施的稳定。

(9)爆破作业(执行《铁路工务安全规则》中的相关规定)。

(10)搬运与装卸作业

①搬运及装卸重物时，应尽量使用机械作业；人力操作时，应统一指挥，动作一致；夜间应有充足的照明。

②运料列车开车前，负责人应确认有关人员已上车坐稳方可开车；列车未停稳前，卸车人员不得打开车门及做其他影响安全的准备工作，开车门前，车上人员应离开车门，车下人员不得站在车门下面。

③轨道平车的随乘人员应坐稳扶牢，不准坐在堆放较高的物体上和车体连接处，车未停稳，人员不能上下车。装载路料、机具的轨道平车不准搭乘人员，确因工作需要乘坐人员时，必须安装围栏及扶手。单轨小车严禁搭乘人员。

④搬运、装卸有毒、有害物品时，必须按规定穿戴防护用品。

(11)机具使用基本要求

①上道使用的机具必须通过产品认证，未经认证的不得上道使用。

②机具使用前应确认油、水、电、连接件是否符合使用要求，防护装置是否齐全可靠，显示仪表是否正常，整机是否符合现行的安全使用办法。使用中发现故障需紧急处理时，应

先停机、切断电路、风路、动力油路等，撤离线路建筑限界以外进行处理，在未确认故障已得到处理的情况下，不得继续使用。

③皮带轮、皮带、链轮、链条、齿轮、砂轮、砂轮切割片和风扇等露出机体的传动和转动部件，应有符合设计图纸规定的防护设施。转动部件应标有旋转方向指示标志，只允许一个方向旋转的设备，应设置有反转自锁装置。

④切轨机、打磨机、电焊机等机具操作人员应按规定穿戴劳动保护用品。机具应按规定安装漏电保护装置。

⑤用锯轨机切割钢轨时，其他人员应远离锯轨机两侧和前方，防止锯片破碎伤人；钢轨打磨时，其他人员应远离打磨前方；焊补钢轨、辙叉时，电焊机应采取接地措施，防止人员触电灼伤；钢轨焊接时，应严格按操作规程操作，防止烫伤。

⑥使用氧乙炔设备时，操作人员必须按规定穿戴劳动保护用品，其他人员应远离喷嘴前方，防止烧伤。乙炔瓶不得靠近热源和电器设备。乙炔瓶与明火的距离不得小于 10 m，与氧气瓶间的距离不得小于 5 m。

⑦在无人行道栏杆的桥梁上操纵动力机械时，应设置有安全栅栏。

⑧空气压缩机必须设置有安全阀、气压表、压力调节器、动力离合器和动力机械上的各种仪表，在阀、表齐全、工作可靠的情况下，方可起动使用。

⑨压力容器必须按国家规定进行检验，未经检验或检验不合格的严禁使用。压力容器操作人员必须具有授权单位颁发的有效操作证。压力容器上应安装压力表和安全阀，并按规定进行压力试验，未经试验或超过试验期的容器不得使用。安全阀保证该设备压力容器的安全系数应符合设计规范。压力容器应放置在通风阴凉处，在规定的距离范围内不准进行

盒属切削、焊接及其他加热的工作。

⑩风动工具应有保安套(环),保证工具头连接牢固。试风或放出残余冷风时,工具头必须向下;过冲或打击栓销时,两侧应联系好,防止冲头伤人。

2. 人身安全“八防止”的规定是什么?

答:人身安全“八防”措施是重点。施工过程中工程项目部、施工队、作业组均应采取严厉手段,落实各项安全措施。

(1)防止车辆伤害的规定

①线路上作业必须按规定设置防护,穿好黄色防护服(夜间穿着带有萤光反射的黄色防护服),注意瞭望,安全避车。

②通过桥梁、道口或横越线路时,必须做到“一站、二看、三通过”。

③严禁抢越、跳车、钻车和由车底、车钩上传递工具材料及穿越两车间隙。

④严禁扒乘机车车辆以车代步;绕行停留车辆时其距离应不少于 5 m,并注意车辆动态和邻线开来的列车。

⑤作业人员下道避车时要面向列车,防止列车门窗、坠落物或绳索伤人。

⑥严禁在钢轨上、车底下、枕木头、道心内、棚车顶上坐卧、站立或行走。

(2)防止高处坠落的规定

①高处作业,必须戴好安全帽,按规定使用安全带(绳、网)。

②安全帽、安全带、安全绳应严格执行定期检查(静荷载试验、冲击试验)制度。

③脚手架必须按规定搭设,作业前必须确认机具、设施和用品完好。

④禁止随意攀登石棉瓦等屋(棚)顶。

⑤禁止在6级及以上大风时登高作业。

⑥禁止患有禁忌症人员登高作业。

⑦登高扫、抹、擦、架设、堆放时,作业面下必须设置防护。

(3)防止触电伤害的规定

①维修电器设备,必须持证操作,按规定穿戴好防护用品。

②电器设备、线路必须保持完好,禁止使用未装漏电保护器的各种手持式电动工具和移动式设备。

③必须严格按规定在高压线下进行作业。

④电力设备作业必须按规定执行工作票和监护制度,挂“禁止合闸有人作业”牌。

⑤在电气化区段通过或使用各种车辆、机具设备不得超过机车车辆限界,作业人员和工具与接触网必须保持2 m以上的距离。

⑥在距离接触网带电部分2～4 m的建筑物上施工时,接触网可不停电,但必须由接触网工或经专门培训的人员现场监护。

⑦施工中,任何作业均不得影响接触网支柱、地锚等设施的稳定。

⑧在电气化区段清除危石、危树,进行爆破作业时,应有供电部门人员配合;有碍接触网及行车安全时,应先停电后作业。

⑨使用发动机、空压机、搅拌机等有电设备时,应有良好的接地装置。在可能带电部位,应有“高压危险”的明显标志和防护措施。各种机械与车辆不准用水冲洗;施工用的水管不准跨越接触网,不准用射水方式进行圬工养生。

(4)防止起重伤害的规定

起重作业人员必须持证操作,严禁多人或无人指挥;严禁在吊物下方站立和行走,应按规定操作。

(5)防止物体打击的规定

①进入作业区,必须按照规定使用好安全帽等劳动保护用品。

②高出和双层作业时,不得向下抛掷料具;无隔离设施时,严禁双层同时垂直作业。

③列车通过时,必须面向列车避车,防止物体击伤。

④搬运重、大、长物体时,必须有专人指挥,动作协调。

(6)防止机具伤害的规定

①上道使用的机具必须通过产品认证,未经认证的不得上道使用。

②各种机具必须有切合实际的安全操作规程。

③机具设备严禁带病或超负荷运转,安全防护装置必须齐全、良好。

④机具使用前应确认油、水、电、连接件是否符合使用要求,防护装置是否齐全可靠,显示仪表是否正常,整机是否符合现行的安全使用办法。

⑤多种机械配合作业时,应明确施工负责人与安全负责人之间,机械与机械之间的联系方式,并由施工负责人现场指挥。在时间允许的情况下,任何一台机械的启动或停机,都应提前通知施工负责人和安全负责人,并及时通知相关机械的操作人员;作业中机械突发故障需紧急处理时,应先停机、切断电路、风路、动力油路等,撤离线路建筑限界以外进行处理。

⑥多人在一起作业时,应统一指挥,相互间应保持一定安全距离,防止工具碰撞伤人。

(7)防止炸药、锅炉、压力容器爆炸的规定

①为防止炸药、锅炉压力容器的那个爆炸伤害,必须严格

按有关规定进行作业和储存，作业人员必须持证操作，无压设备、设施严禁有压运行。

②使用氧乙炔设备时，操作人员必须按规定穿戴劳动保护用品，其他人员应远离喷嘴前方，防止烧伤。乙炔瓶不得靠近热源和电器设备。乙炔瓶与明火的距离不得小于 10 m，与乙炔瓶间的距离不得小于 5 m。

③压力容器必须按国家规定进行检验，未经检验或检验不合格的严禁使用，压力容器操作人员必须有授权单位颁发的有效操作证。

④压力容器上应安装压力表和安全阀，并按规定进行压力试验，未经试验或超过试验的容器不得使用。安全阀保证该设备压力容器的安全系数应符合设计规范。

⑤压力容器应放置在通风阴凉处，在规定的距离范围内部准进行金属切割、焊接及其他加热的工作。

(8)防止中毒、窒息的规定

①使用有毒物品的场所，作业必须采取通风、吸尘、净化、隔离等措施，并正确使用劳动防护用品。

②对有毒作业场所要定期检测，作业人员要定期进行体检。

人身安全的“八防止”措施就是很好的风险控制管理。

3. 行车安全的基本要求是什么？

答：(1)放行列车的条件。

(2)施工防护条件。

(3)施工防护方法。

(4)线路胀轨跑道与钢轨折断的处理。

(5)电气化铁路上作业。

(6)道口管理。

(7)自动闭塞和有轨道电路区段上作业。

(8)轻型车辆及小车使用、施工列车。

(9)材料装卸与堆放。

(10)养路机械作业(大型养路机械、小型养路机械)。

备注:以上项目应严格执行《铁路工务安全规则》中的相关规定。

4. 行车安全防范的重点是什么?

答:(1)施工机械、工具、材料侵入限界。一是线路封闭前、开通后不能侵入限界;二是不能侵入未封闭线路的限界;三是施工路料的堆放不能侵入限界。

(2)施工中金属体短接股道影响轨道电路接触网施工中各种线索、铁丝、较长的管件很多,用于测量的钢卷尺、皮卷尺均有可能短路接钢轨或钢轨绝缘节,轨道电路出现红光带,影响行车。

(3)未达到行车送电条件就盲目送电开通已发生的现状有:短接绝缘体、绝缘间隙达不到要求、导线高度不够、料具侵入限界、网上有障碍受电弓运行的处所。

(4)轨道作业车辆故障。司机不注意瞭望、不确认信号,造成冒出冒进,甚至可能发生挤坏道岔;车辆连挂时重钩,严重时造成脱轨;行驶中发生机械故障,途中停车,影响行车。

5. 工务施工“十不准”、“十严禁”、“六关键”的具体规定是什么?

答:“十不准”规定如下:

(1)施工前未签订《施工安全协议》不准施工;

(2)未经有关部门审批的安全技术措施不准施工;

(3)技术交底不清、安全责任不明不准施工;

(4)施工前准备不到位不准施工;

(5)未设好防护不准施工;

(6)施工负责人不到位不准施工；

(7)安全监督检查员不到位不准施工；

(8)调度命令未下达不准施工；

(9)电气化区段未设好回流线不准施工；

(10)未登记运统46不准施工。

“十严禁”规定如下：

(1)没有计划严禁施工；

(2)不登记运统46严禁横越线路抬运笨重料具；

(3)施工负责人严禁低职代高职；

(4)防护员及安全监督检查员无证严禁上岗；

(5)严禁超挖、超卸；

(6)达不到列车放行列车严禁开通线路；

(7)无职工带领民工严禁上道；

(8)装卸路料严禁偏载、侵限；

(9)配合人员未到严禁开工；

(10)严禁超范围作业。

“六关键”规定如下：把好施工要点、点前准备、施工防护、放行列车条件、机具材料侵限、阶梯提速整修巡养等关键环节。

二、线桥施工质量验收标准

1. 验收线路施工质量标准是如何规定的？

答：(1)线路设备大、中修和综合维修施工验收标准。线路设备大、中修应按设计文件及表3-1中主要项目(轨向、高低、线路锁定、道床清筛、捣固质量、路基排水)进行验收，一次达到标准，可评为“优良”。如有主要项目不符合标准，次要项目漏项或不合格，经整修后复验达到标准，评为“合格”。

表 3-1　线路大、中修验收标准

序号	项　　目	质　量　标　准
1	轨距	1. 符合作业验收标准 2. 允许速度大于 120 km/h 线路轨距变化率不得大于 1‰,其他线路不得大于 2‰
2	水平	符合作业验收标准
3	轨向	1. 直线目视顺直,符合作业验收标准 2. 曲线方向圆顺,曲线正矢符合作业验收标准 3. 曲线始、终端不得有反弯或“鹅头”
4	高低	1. 目视平顺,符合作业验收标准 2. 轨顶标高与设计标高误差不得大于 20 mm
5	三角坑	符合作业验收标准
6	捣固	1. 捣固、夯拍均匀 2. 空吊板:无连续空吊板;连续检查 50 头,正线、到发线不得超过 8%,其他站线不得超过 12%
7	路基及排水	1. 路肩平整,无大草,并有向外流水横坡 2. 侧沟排水畅通 3. 符合设计要求
8	道床	1. 清筛清洁,道砟中粒径小于 25mm 的颗粒质量不得大于 5% 2. 清筛深度达到设计要求 3. 道床密实、符合设计断面,边坡整齐
9	轨枕	1. 位置方正、均匀,间距和偏斜误差不得超过 40 mm 2. 无失效,无严重伤损 3. 混凝土宽枕间距和偏斜误差均不得超过 30 mm
10	扣件	1. 混凝土枕 (1)螺旋道钉无损坏,丝扣及螺杆全面涂油 (2)弹条扣件的弹条中部前端下颚应靠贴轨距挡板(离缝不大于 1 mm)或螺栓扭矩为 120～150 N·m,Ⅲ型扣件扣压力为 11～13.2 kN (3)扣件位置正确,平贴轨底,顶紧挡肩,扣板歪斜及不密贴大于 2 mm 者不得超过 6%(连续检查 100 头)

续上表

序号	项　　目	质　量　标　准
10	扣件	(4)橡胶垫板、垫片及衬垫无缺少、损坏,歪斜者不得超过8%(连续检查100头) 2. 木枕 (1)垫板歪斜及不密贴者不得超过6%(连续检查100头) (2)道钉浮离或螺纹道钉未拧紧不得超过8%(连续检查100头)
11	(一)新钢轨及配件	1. 钢轨无硬弯,接头轨面及内侧错牙不得超过1 mm 2. 接头相错:直线不得超过20 mm;曲线不得超过20 mm加缩短轨缩短量的一半 3. 轨缝每千米总误差:25 m钢轨不得超过80 mm 4. 接头螺栓涂油,扭矩达到标准
	(二)再用轨及配件	1. 钢轨无硬弯,接头轨面及内侧错牙不得超过1 mm 2. 接头相错:直线不得超过40 mm;曲线不得超过40 mm加缩短轨缩短量的一半 3. 轨缝每千米总误差:25 m钢轨不得超过80 mm,12.5 m钢轨不得超过160 mm 4. 接头螺栓涂油,扭矩达到标准
12	(三)无缝线路钢轨及配件	1. 轨条端头位移不得大于20 mm,固定区位移不得大于5 mm 2. 缓冲区接头相错不得大于40 mm 3. 焊缝质量符合《钢轨焊接技术条件》(TB/T 1632.1～TB/T 1632.4)的要求 4. 联合接头位置符合上述第3.10.10条的规定 5. 在设计锁定轨温上、下限范围内,缓冲区接头轨缝与设计轨缝相比,误差不得大于2 mm 6. 锁定轨温应符合设计要求 7. 缓冲区接头螺栓涂油,采用10.9级螺栓,螺栓扭矩900～1 100 N·m

续上表

序号	项　　目	质　量　标　准
13	防爬设备	1. 安装齐全,无失效 2. 普通线路爬行量不得超过 20 mm
14	道口	1. 木枕地段铺面下全为新木枕 2. 铺面平整牢固,轮缘槽符合标准 3. 两侧平台平整 4. 排水设施良好
15	线路外观	1. 标志齐全、正确,字迹清晰 2. 钢轨上的标记齐全、正确、清晰 3. 弃土清除干净 4. 无散失道砟
16	旧料回收	旧料如数回收,运至指定地点,堆码整齐,并按规定移交

(2)成组更换新道岔应按设计文件及表 3-2 中主要项目(轨向、高低、道床清筛和捣固质量、尖轨、可动心轨、辙叉与护轨状态、道岔锁定轨温)进行验收,一次达到标准,可评为“优良”。如有主要项目不符合标准,次要项目漏项或不合格,经整修后复验达到标准,评为“合格”。

表 3-2　更换新道岔验收标准

序号	项　　目	质　量　标　准
1	轨距	1. 符合作业验收标准 2. 允许速度大于 120 km/h 线路轨距变化率不得大于 1‰,其他线路不得大于 2‰(不含构造轨距加宽顺坡)
2	水平	符合作业验收标准,导曲线内股不得高于外股

续上表

序号	项　　目	质　量　标　准
3	轨向	1. 直线目视直顺，符合作业验收标准 2. 导曲线支距符合作业验收标准 3. 连接曲线用 10 m 弦量，连续正矢差不得超过 2 mm
4	高低	符合作业验收标准
5	道床	道床密实、清洁，道砟中粒径小于 25 mm 的颗粒质量不得大于 5%，符合设计断面，边坡整齐
6	岔枕	1. 间距误差不得超过 20 mm，配置符合要求 2. 无失效，无失修 3. 无连续空吊板；连续检查 50 头，空吊板不得超过 6% 4. 混凝土岔枕符合标准
7	基本轨、导轨	钢轨无硬弯，钢轨接头轨面及内侧错牙不得超过 1 mm
8	尖轨	1. 尖轨竖切部分与基本轨密贴 2. 尖轨动程符合设计要求
9	轨缝	平均轨缝误差不得大于 3 mm，绝缘接头不得小于 6 mm
10	转辙连接零件	1. 连接杆不得脱节、松动，销子齐全、有效 2. 滑床板平直并与尖轨密贴，每侧不密贴的不得超过 1 块 3. 轨撑与钢轨不密贴的，每侧不得超过 1 个
11	辙叉与护轨	1. 查照间隔不得小于 1 391 mm 2. 护背距离不得大于 1 348 mm 3. 可动心轨竖切部分与翼轨密贴 4. 可动心轨动程符合设计要求 5. 可动心轨辙叉尖趾距离误差在 0～＋10mm 范围内

续上表

序号	项　目	质　量　标　准
12	其他连接零件	1. 螺栓齐全，无松动，扭矩符合要求，涂油 2. 道钉浮离不得超过 8% 3. 铁垫板及橡胶垫板、橡胶垫片齐全，歪斜的不得超过 6% 4. 扣件齐全、密靠，离缝不得超过 6%
13	防爬设备	齐全、有效，尖轨与基本轨、尖轨与尖轨间的相错量不得超过 10 mm
14	焊缝	位置符合设计要求，焊接质量符合《钢轨焊接技术条件》(TB/T 1632.1～TB/T 1632.4)的要求
15	锁定轨温	锁定轨温符合设计文件要求
16	位移观测桩	埋设齐全、牢靠，观测标记清楚
17	无缝道岔位移	不得大于 5 mm
18	外观	1. 道岔钢轨编号，各部尺寸用油漆标记正确，字迹清晰 2. 旧料收集干净

(3)铺设无缝线路工程，应按设计文件及表 3-3 中项目进行验收。

表 3-3　无缝线路铺设验收标准

序号	项　目	要　　求
1	锁定轨温	轨条始、终端入槽时的轨温均在设计锁定轨温范围内，同一单元轨条左、右两股锁定轨温差不得大于 5℃；跨区间或全区间无缝线路相邻单元轨条的锁定轨温差不得大于 5℃，区间内单元轨条的锁定轨温差不得大于 10℃
2	轨条轨端相错量	轨条端头相错量不得超过 40 mm
3	联合接头	符合设计要求

续上表

序号	项　目	要　求
4	位移观测桩	埋设齐全、牢靠，观测标记清楚
5	无缝线路位移量	铺设后5天内观测，伸缩区两端不得大于20 mm，固定区不得大于5 mm
6	钢轨硬弯	校直后用1 m直尺测量，允许速度大于120 km/h的线路，其矢度不得超过0.3 mm，其他地段矢度不得超过0.5 mm
7	缓冲区钢轨接头	轨顶面及内侧面要求平齐，误差不得超过1 mm
8	缓冲区轨缝	与设计轨缝相比，误差不得大于2 mm(设计锁定轨温范围内)
9	缓冲区钢轨接头螺栓	使用M24的10.9级螺栓，数量齐全，涂油，扭矩应保持在900～1 100 N·m，扭矩不足者不得超过8%
10	扣件	轨距挡板，挡板座顶严、密靠、压紧，不密贴(缝隙大于2 mm)的数量不超过6%(连续检查100头)，且无连续失效；弹条扣件的弹条中部前端下颚应靠贴轨距挡板(离缝不大于1 mm)或螺栓扭矩为120～150 N·m，Ⅲ型扣件扣压力为(11～13.2) kN，不符合标准的不超过8%(连续检查100头)，且无连续失效；胶垫无缺损，歪斜量大于5 mm者不超过8%(连续检查100头)，螺栓涂油
11	轨枕位置	轨枕方正、均匀，其误差不得超过40 mm
12	道床	道床断面符合规定
13	焊接接头	焊缝质量符合《钢轨焊接技术条件》(TB/T 1632.1～TB/T 1632.4)的要求
14	线路几何状态	符合作业验收标准

(4)验收其他线路设备大修工程时，应参照线路大、中修

进行质量评定。具体验收标准由铁路局自定。

(5)线路综合维修施工验收评分标准见表 3-4 中的规定。满分为 100 分,100～85 分为优良，85(不含)～60 分为合格，60(不含)分以下为失格。失格线路整修复验后,在 60 分及以上者为合格。

表 3-4　线路综合维修验收评分标准

项目	内容	编号	扣分条件		抽验数量	单位	扣分(分)	说明
			正线及到发线	其他站线				
轨道几何尺寸	轨距、水平、三角坑	1	超过作业验收标准容许偏差	同左	连续检测 100 m	处	4	选择质量较差地段,有曲线时检测一个曲线的正矢,曲线正矢超过作业验收标准容许偏差每处扣 4 分
		2	超过经常保养标准容许偏差	同左		处	41	
		3	允许速度大于 120 km/h 线路轨距变化率大于 1‰,其他线路大于 2‰(不含规定的递减率)	轨距变化率大于 3‰(不含规定的递减率)		处	2	
	轨向、高低	4	超过作业验收标准容许偏差	同左	全面查看，重点检测	处	4	
		5	超过经常保养标准容许偏差	同左		处	41	
钢轨	接头错牙	6	轨面及内侧错牙大于 1 mm	轨面及内侧错牙大于 2 mm	同上	处	4	错牙大于 3 mm 时扣 41 分

续上表

项目	内容	编号	扣分条件		抽验数量	单位	扣分(分)	说明
			正线及到发线	其他站线				
钢轨	接头相对	7	直线偏差大于40 mm,曲线偏差大于40 mm加缩短量的一半	直线偏差大于60 mm,曲线偏差大于60 mm加缩短量一半	同上	处	4	轨缝在调整轨缝轨温限制范围以内检查
	轨缝	8	连续瞎缝或大于构造轨缝,普通绝缘接头轨缝小于6mm	同左	同上	处	8	
		9	轨端肥边大于2 mm	同左	同上	处	8	含胶接绝缘钢轨
	焊缝	10	新焊接的焊缝符合《钢轨焊接技术条件》(TB/T 1632.1～TB/T 1632.4)的标准;原焊缝打磨后,应符合第4.10.1条的钢轨打磨作业验收标准		全面检测	处	8	

续上表

项目	内容	编号	扣分条件		抽验数量	单位	扣分(分)	说明
			正线及到发线	其他站线				
轨枕	位置	11	位置、间距偏差或偏斜大于50 mm	位置、间距偏差或偏斜大于60 mm	全面查看，重点检测	处	1	枕上或枕下离缝大于2 mm者为吊板，枕下暗吊板不明显者，可拔起道钉或松开扣件查看
	失效	12	接头或焊缝处失效，其他处连续失效	同左	同上	处	8	
	修理	13	应修混凝土枕未修，木枕应削平及劈裂者未修	同左	全面查看	根	1	
	空吊率	14	大于8%	大于12%	连续检测50头	每增加1%	2	
连接零件	接头螺栓	15	缺少/松动或扭矩不符合规定	同左	全面查看，抽测4个接头扭矩	个	16/2	
	铁垫板、胶垫	16	铁垫板和橡胶垫板、橡胶垫片缺少	同左	连续查看100头	块	2	
		17	橡胶垫板或橡胶垫片失效超过8%	橡胶垫板或橡胶垫片失效超过16%	连续查看，检测100头	每增1%	1	

续上表

项目	内容	编号	扣分条件		抽验数量	单位	扣分(分)	说明
			正线及到发线	其他站线				
连接零件	道钉、扣件	18	道钉、扣件缺少	同左	连续查看 100 头	个	2	一组扣件的零件不全，按缺少一个计算
		19	道钉浮离或扣板(轨距挡板)前、后离缝大于 2 mm 者，超过 8%	道钉浮离或扣板（轨距挡板）前、后离缝大于 2 mm 者，超过 12%	连续检测 50 个	每增 2%	1	
		20	扣件扭矩(扣压力)不符合规定或弹条扣件中部前端下颚离缝大于 1 mm 者，超过 8%	扣件扭矩（扣压力）不符合规定或弹条扣件中部前端下颏离缝大于 1 mm 者，超过 12%	同上	每增 1%	1	

续上表

<table>
<tr><th rowspan="2">项目</th><th rowspan="2">内容</th><th rowspan="2">编号</th><th colspan="2">扣分条件</th><th rowspan="2">抽验数量</th><th rowspan="2">单位</th><th rowspan="2">扣分(分)</th><th rowspan="2">说明</th></tr>
<tr><th>正线及到发线</th><th>其他站线</th></tr>
<tr><td rowspan="4">轨道加强设备</td><td>轨距杆、轨撑</td><td>21</td><td>缺损或松动</td><td>同左</td><td>全面查看，重点检测</td><td>根、个</td><td>2</td><td rowspan="4">区间正线无观测桩或观测桩不起作用按爬行超限计算；站内线路爬行检查道岔及绝缘接头前后</td></tr>
<tr><td rowspan="2">防爬设备</td><td>22</td><td>防爬器缺损、松动或离缝大于2 mm</td><td>同左</td><td>连续查看,检测50个</td><td>个</td><td>2</td></tr>
<tr><td>23</td><td>支撑缺损、失效、尺寸不合标准</td><td>同左</td><td>同上</td><td>个</td><td>1</td></tr>
<tr><td>线路爬行</td><td>24</td><td>普通线路爬行量大于20 mm，无缝线路位移观测无记录</td><td>同左</td><td>全面检测</td><td>km</td><td>41</td></tr>
<tr><td rowspan="3">道床</td><td>脏污</td><td>25</td><td>枕盒或边坡清筛深度不足,清筛不洁/翻浆冒泥</td><td>同左</td><td>全面查看,重点扒开道床检查</td><td>每10m/孔</td><td>2/41</td><td>按工务段下达的计划验收</td></tr>
<tr><td>尺寸</td><td>26</td><td>Ⅰ型混凝土枕中部道床凹下尺寸不符合第3.2.2条规定</td><td>同左</td><td>连续查看,检测100 m</td><td>每10m</td><td>1</td><td></td></tr>
<tr><td>外观</td><td>27</td><td>道床断面不符合标准、不均匀、不整齐、有杂草</td><td>道床断面不符合标准、不均匀、不整齐、有杂草</td><td>全面查看</td><td>每10m</td><td>1</td><td></td></tr>
</table>

续上表

项目	内容	编号	扣分条件		抽验数量	单位	扣分(分)	说明
			正线及到发线	其他站线				
路基	路肩	28	不平整、有反坡、有大草	不平整	同上	每20m	1	单侧计算
	排水	29	侧沟未疏通或弃土不符合规定	同左	同上	每10m	2	
道口	铺面	30	不平整、松动	同左	查看检测	块	4	
	轮缘槽	31	尺寸不符合第3.11.5条规定	同左	同上	处	16	
	护桩	32	缺损、歪斜	同左	全面查看	个	2	
标志标记	标志	33	缺损、歪斜、字迹不清	同左	同上	个	2	
	标记	34	钢轨上各种标记不齐全,位置不对,不清晰或错误	同左	同上	处	1	

(6)道岔综合维修验收评分标准见表3-5的规定。满分为100分,100～85分为优良,85(不含)～60分为合格,60(不含)分以下为失格。失格线路整修复验后,在60分及以上者为合格。

表 3-5　道岔综合维修验收评分标准

项目	内容	编号	扣分条件		抽验数量	单位	扣分(分)	说明
			正线及到发线道岔	其他站线道岔				
轨道几何尺寸	轨距、水平、支距	1	超过作业验收标准容许偏差	同左	全面检测	处	4	同时检测两线间距小于5.2 m的连接曲线轨向，用10 m弦测量，连续正矢差超过2 mm，每处扣4分
		2	超过经常保养标准容许偏差	同左		处	41	
	轨向、高低	3	超过作业验收标准容许偏差	同左	全面查看，重点检测	处	4	
		4	超过经常保养标准容许偏差	同左		处	41	
	查照间隔	5	超过容许限度	同左	全面检测	处	41	尖趾距离指可动心轨辙叉长心轨尖端至叉趾的距离
	护背距离	6	同上	同左	同上	处	41	
	尖趾距离	7	同上	同左	同上	处	41	
钢轨	尖轨、可动心轨靠贴	8	尖轨尖端与基本轨、可动心轨尖端与翼轨不靠贴	同左	全面检测	组	41	不靠贴指二者之间的缝隙大于1 mm
	接头错牙	9	轨顶面或内侧面错牙大于1 mm	同左	全面查看，重点检测	处	4	错牙大于3 mm时扣41分
	轨缝	10	连续瞎缝或大于构造轨缝，普通绝缘接头轨缝小于6 mm	同左	同上	处	8	
		11	轨端肥边大于2 mm	同左	同上	处	8	含胶接绝缘钢轨

续上表

项目	内容	编号	扣分条件		抽验数量	单位	扣分（分）	说明
			正线及到发线道岔	其他站线道岔				
岔枕	位置	12	位置或间距偏差大于 40 mm（钢枕为 20 mm）	位置或间距偏差大于 50 mm	同上	处	2	
	失效	13	接头处失效，其他处连续失效	同左	同上	处	8	枕上或枕下离缝大于 2 mm 者为吊板，枕下暗吊板可根据道床与岔枕间状态判断，不明显者可扒开道床查看
	修理	14	应修混凝土岔枕未修，木岔枕未削平或劈裂未修	同左	全面查看	根	2	
	空吊率	15	大于 8%（钢枕不得有空吊）	大于 12%	连续检测 50 头	每增 1%	2	
连接零件	滑床板	16	尖轨、可动心轨与滑床板缝隙大于 2 mm	同左	同上	块	2	
		17	滑床板及护轨弹片上反或离缝大于 2 mm，销钉离缝大于 5 mm	同左	同上	块	2	
	螺栓	18	接头、连杆、顶铁、间隔铁及护轨螺栓缺少/顶铁离缝大于2 mm	同左	全面查看	个、块	16/8	
		19	接头螺栓松动或扭矩不合规定，连杆、顶铁、间隔铁及护轨的螺栓松动	同左	查看检测	个、块	2	

续上表

项目	内容	编号	扣分条件		抽验数量	单位	扣分（分）	说明
			正线及到发线道岔	其他站线道岔				
连接零件	螺栓	20	心轨凸缘螺栓缺少、松动	同左	查看检测	个	41	
		21	长心轨与短心轨连接螺栓缺少、松动	同左	同上	个	41	
		22	其他各种螺栓缺少、松动	同左	同上	个	1	
	铁垫板	23	铁垫板或橡胶垫板、橡胶垫片缺少	同左	连续查看50块	块	2	
	胶垫	24	橡胶垫板或橡胶垫片失效超过8%	橡胶垫板或橡胶垫片失效超过12%	连续查看，检测50块	每增1%	1	
	道钉扣件	25	道钉、扣件缺少	同左	连续查看50个	个	2	
		26	扣件扭矩（扣压力）不符合规定或弹条扣件中部前端下颚离缝大于1 mm者，超过8%	扣件扭矩（扣压力）不符合规定或弹条扣件中部前端下颚离缝大于1 mm者，超过12%	连续查看，检测50个	每增1%	1	一组扣件的零件不全，按缺少一个计算

续上表

<table>
<tr><th rowspan="2">项目</th><th rowspan="2">内容</th><th rowspan="2">编号</th><th colspan="2">扣 分 条 件</th><th rowspan="2">抽验数量</th><th rowspan="2">单位</th><th rowspan="2">扣分(分)</th><th rowspan="2">说 明</th></tr>
<tr><th>正线及到发线道岔</th><th>其他站线道岔</th></tr>
<tr><td rowspan="3">轨道加强设备</td><td>轨撑、轨距杆</td><td>27</td><td>转辙或辙叉部位轨撑离缝大于 2 mm，其他部位轨撑或轨距杆缺损、松动</td><td>同左</td><td>查看检测</td><td>个、根</td><td>2</td><td>轨撑离缝系指轨撑与轨头下颚或轨撑与垫板挡肩之间的间隙</td></tr>
<tr><td>防爬设备</td><td>28</td><td>防爬器缺损、松动或离缝大于 2 mm，支撑缺损、失效、尺寸不符合标准</td><td>同左</td><td>同上</td><td>个</td><td>2</td><td></td></tr>
<tr><td>爬行</td><td>29</td><td>道岔两尖轨尖端相错量大于 20 mm、无缝道岔位移无观测记录</td><td>同左</td><td>检测</td><td>组</td><td>41</td><td></td></tr>
<tr><td rowspan="2">道床</td><td>脏污</td><td>30</td><td>枕盒内或边坡道床不洁/翻浆冒泥</td><td>同左</td><td>全面查看，重点扒开检查</td><td>组/孔</td><td>6/41</td><td></td></tr>
<tr><td>外观</td><td>31</td><td>道床断面不符合标准、不均匀、不整齐、有杂草</td><td>道床断面不符合标准、不均匀、不整齐、有杂草</td><td>全面查看</td><td>组</td><td>4</td><td></td></tr>
</table>

续上表

项目	内容	编号	扣分条件		抽验数量	单位	扣分(分)	说明
			正线及到发线道岔	其他站线道岔				
路基	路肩	32	不平整、有反坡、有大草	同左	同上	组	2	
	排水	33	侧沟未疏通或弃土未清理	同左	同上	组	4	
标志标记	标志	34	警冲标损坏或不清晰	同左	查看检测	组	8	警冲标缺少或位置不对扣41分
	标记	35	钢轨上各项标记不全、位置不对、不清晰或错误	同左	全面查看	处	1	含钢轨编号、轨距、支距、钢轨伤损等标记

(7)路设备修理验收办法

①铁路局应配备专职验收人员，对主要大修工程的安全、质量进行监督检查，并组织验收工作。

②线路设备大修应按下列单位进行验收：

a. 线路大、中修正线为千米(始终点不是整千米时，可按实际长度合并验收)，站线为一股道。

b. 铺设无缝线路为一个区间(包括相衔接的普通线路)，特殊情况为一段。

c. 其他各项线路设备大修由铁路局自定。

(8)大型养路机械施工作业验收

①大型养路机械施工作业验收主要项目包括清筛、起道、拨道、捣固、动力稳定和钢轨打磨等。

②大型养路机械施工作业应采用静态和动态相结合的验收办法，以其中最差成绩作为该千米线路的验收结果。

a. 静态验收——使用大型养路机械施工作业时，工务机械段应及时提供大型养路机械记录仪的检查记录数据，并与工务段共同随同大机检查，发现失格处所应立即组织返工。返工后仍有 4 处及以上达不到作业验收标准、2 处及以上达不到保养标准或无法返工的(每处长度不超过 5 m，超过5 m按 2 处计)，判该千米线路为失格，并于当日填写验收记录。

b. 动态验收——使用大型养路机械施工作业后 15 日内，铁路局轨检车进行动态检查评定。

c. 静态与动态检查合格，大型养路机械作业项目齐全，质量优良，施工作业质量评为优良；大型养路机械作业项目不全，质量合格，施工作业质量评为合格。

(9)施工单位在办理工程交验时，应备齐竣工资料

①线路大、中修：

a. 施工日期、时间；

b. 主要材料使用数量表；

c. 竣工后的线路平纵断面图；

d. 钢轨配轨表(其中包括钢轨的钢种、熔炼炉号、生产厂、淬火厂、出厂年月等资料)；

e. 无缝线路的锁定轨温及应力放散资料；

f. 隐蔽工程记录；

g. 其他有关技术资料。

②铺设无缝线路工程除上述资料外，还需备齐以下资料：

a. 无缝线路布置图、观测桩位置；

b. 位移观测记录；

c. 工地焊接、探伤及外观检查记录；

d. 钢轨编号和焊接编号表、现场胶接绝缘接头记录；

e. 应力放散记录；

f. 厂焊单位及出厂时间。

(10)其他各项线路设备大修

①施工日期、时间；

②主要工程数量表；

③隐蔽工程记录；

④其他有关技术资料。

(11)如因季节影响，无缝线路不能在工程交验前按设计锁定轨温锁定线路时，应先组织交验，再适时组织应力放散。

(12)线路设备大修验收组织和程序。线路大修每完成3～5 km(铺设无缝线路为一个区间)，经施工单位自验并做好记录，及时向铁路局提请验收。铁路局应及时组织施工单位和设备接管单位，按照设计文件及有关验收标准进行验收。验收其他工程时，应参照线路大修进行质量评定。具体验收办法由铁路局自定。

(13)线路、道岔综合维修应按下列单位进行验收：

①正线为1 km(月综合维修不足1 km的也可验收)，无缝线路可为1个单元轨条。

②站线为1股道。

③道岔为1组。

(14)机械化维修车间(工区)完成综合维修后，应及时进行自验并做好记录，报请线路车间初验。线路车间应及时组织初验并做好记录，报请工务段组织验收。工务段应及时组织验收。

(15)当月经常保养地段的作业项目由工区自验，车间验收，工务段抽验。具体验收办法由铁路局规定。

(16)代维修专用线的线路、道岔维修标准和验收办法，按其他站线办理(代维修合同中有特殊规定者除外)。

2. 验收桥隧建筑物施工质量标准是如何规定的？

答：验收桥隧建筑物施工质量标准见表 3-6。

表 3-6　桥隧建筑物修理作业验收标准

分类	工作项目	质量标准	附注
一、整修更换桥面	1. 线路轨道几何状态	符合线路维修标准	
	2. 线桥偏心	符合线桥偏心的允许值	
	3. 钢轨接头位置	(1)符合桥面钢轨接头位置设置标准 (2)采用冻结接头，冻结后轨缝不大于0.5 mm	
	4. 上拱度	跨中上拱度值与设计值误差不超过±3 mm，轨面平顺，并应于钢梁两端线路的衔接平顺	
	5. 安装分开式扣件	(1)垫板扣件安装正确螺纹道钉顺直紧密 (2)扣板螺栓扭矩不符合规定的不超过 3%	
	6. 更换安装铁垫板下胶垫	(1)吊板(悬空在 2 mm 及以上)不超过 3%且无连二 (2)双层垫板不超过 5% (3)总厚度 12～15 mm 不超过 5%	以孔计 以孔计 以孔计
	7. 制作、修理桥枕	(1)树心向下，槽口平整，槽深不大于 30 mm，与上盖板顶面缝隙小于 1 mm，与钢梁翼缘间隙每边不大于 4 mm (2)镶垫木板尺寸符合规定，连接牢固，缝隙不大于 2 mm (3)螺栓孔位置正确，垂直误差不超过 4 mm (4)顶面 2 mm 以上裂缝漏灌处所不超过 5% (5)新面防腐油涂刷均匀，漏涂、流淌不超过 3% (6)端头 2 mm 以上裂缝未作防裂处理头数不超过 3% (7)表面腐朽(或垫板切入)深度达 3 mm 以上，未处理处所不超过 5%	以根计 以根计 以处计

续上表

分类	工作项目	质量标准	附注
一、整修更换桥面	7. 制作、修理桥枕	(8) 钢轨接头处4根木桥枕(支接时为5根)中无一根或其他部位无连续2根及以上的失效,行车速度大于120 km/h区段钢梁明桥面无隔一或连二失效桥枕	以处计
	8. 更换铺设桥枕	(1)材质、规格尺寸符合标准 (2)桥枕与钢梁中心线垂直,并一头找齐 (3)桥枕底与钢梁连接系杆件(含钉栓)间隙大于3 mm,与横梁间隙大于15 mm (4)横梁短枕无松动,与钢轨底间隙不小于5 mm (5)钩、护螺栓顺直,中心左右偏差不超过7 mm	
	9. 更换护木	(1) 材质、制作铺设符合规定,三面刨光并作防腐、灌缝、防裂处理,螺栓孔眼目视正直 (2)与桥枕间缝隙大于2 mm的槽口不超过10% (3)梁端断开,两孔护木左 右错牙小于10 mm,护木接头连接牢固,缝隙不大于2 mm	
	10. 更换、整修护轨	(1)符合桥面布置图规定 (2)轨底悬空大于5 mm处所不超过8% (3)梭头各部连接牢固,尖端悬空小于5 mm (4)接头靠基本轨一侧左右错牙不大于5 mm (5)护轨道钉或扣件齐全完好,浮离2 mm及以上不超过5%	
	11. 修理及安装各种螺栓	(1)螺杆、螺帽及垫圈除锈彻底,沾油厚度适宜或经镀锌处理 (2)螺杆顶部不高出基本轨20 mm,且无不满帽现象 (3)螺栓拧紧后扭矩达到要求,不足者不超过5% (4)各种垫圈符合标准无缺少,歪斜损坏或多层垫圈(人行道支架除外)不超过5%	

续上表

分类	工作项目	质量标准	附注
一、整修更换桥面	11. 修理及安装各种螺栓	(5)钩螺栓钩头位置正确，有2/3钩头面积与钢梁钩紧，如遇到铆钉允许钩头偏斜。螺杆与钢梁翼缘间隙大于4 mm者不超过5% (6)行车速度大于120 km/h区段钩(护木)螺栓无缺少和连二失效 (7)自动闭塞区间，钩螺栓铁垫圈与钢轨垫板间必须有15 mm以上的间隙	
	12. 更换安装防爬角钢	安装位置符合规定，与盖板及桥枕间连接牢固，缝隙小于1 mm	
	13. 上盖板涂装	符合上盖板喷涂标准	
	14. 更换步行板(包括人行道步板)、栏杆及人行道	(1)各部尺寸符合设计要求，钢支架的铆接、栓接、焊接及涂装质量符合有关规定 (2)步板四角整平，连接牢固，钢筋混凝土板平整无裂无损，边缝填塞饱满，钢质、橡胶步板等应与人行道托架有防止移动、脱落的扣系 (3)步板铺设平直，边缘成一直线，钢步板无锈蚀 (4)栏杆平直，连接牢固，无扭曲，10 m弦矢度小于20 mm (5)梁端断开，活动端处能与梁体共同移动	栓钉、焊接、涂装质量同钢结构 钢筋混凝土板质量同钢筋混凝土结构
二、钢梁保护涂装	1. 钢表面清理	(1) 电弧喷铝或涂装环氧富锌底漆，达到Sa3级 (2) 涂装酚醛、醇酸红丹或聚氨脂底漆，达到Sa2.5级 (3) 箱形梁内表面涂装环氧沥青底漆，达到Sa2级 (4) 维护涂装环氧富锌底漆或热喷锌，达到Sa2.5级 (5) 附属钢结构涂装红丹底漆或维护涂装红丹底漆，达到St3级 (6)涂装涂料涂层时，钢表面粗糙度为Rz25～60 μm；电弧喷铝时，钢表面粗糙度为Rz25～100 μm	

续上表

分类	工作项目	质量标准	附注
二、钢梁保护涂装	2. 涂膜粉化清理	涂层表面打磨、污垢清除彻底，不损伤底漆	
	3. 腻缝	作业范围内，凡能积水的缝隙内的旧漆污垢除净无漏腻，腻子填实压平，无开裂积水	
	4. 涂装涂层 （1）涂料涂装	(1)涂装体系、层数、厚度符合规定 (2)涂层表面平整均匀，新旧涂层衔接平顺，色泽不匀不超过10％ (3)无剥落、裂纹、附着力不小于3 MPa (4)起泡、气孔每平方米不超过两个5 cm×5 cm缺陷	
	（2）电弧喷铝	(1)涂装体系、涂层厚度符合规定 (2)涂层表面平整均匀、附着力符合要求 (3)基本无起皮、鼓泡、大溶滴、散粒、裂纹、掉块，有细微缺陷，但不影响防护性能	
三、基础加固	1. 地基处理	正式施工前应进行试夯、试桩，且资料完整	
	（1）换填地基	(1)换填用砂应为中、粗砂，有机质和含泥量均≤5％；碎石料径≤100 mm，含泥量≤5％；石灰等级≥Ⅲ级 (2)换填范围、填料比例、填筑及压实工艺、压实密度符合设计要求 (3)换填地基底部和顶部高程偏差为±50 mm	砂和碎石同产地、同品种、同规格以连续进场量每400 m^3为一批；石灰每200 t为一批
	（2）夯实地基	(1)处理范围、施工技术方案、夯点布置、密实度、承载力和有效加固深度符合设计要求 (2)重锤夯实最终总下沉量应大于试夯总下沉量的90％ (3)允许偏差为顶面平整度：50 mm；夯点间距：重锤夯实±0.1d，强夯±500 mm	检查数量为每基坑不少于5处

续上表

分类	工作项目	质量标准	附注
三、基础加固	(3)旋喷桩加固	(1)桩的加固范围、数量和布置形式、水泥浆配合比例、桩身无侧限抗压强度、地基承载力符合设计要求 (2)允许偏差:桩位中心 50 mm;桩径－50 mm;桩长$^{+100}_{0}$ mm;桩体垂直度 1.5%	检查桩数的 2%,并不少于 5 根;地基承载力检查总桩数的 2‰,且每基坑不少于 1 处
	2. 明挖基础	(1)基坑平面位置、坑底尺寸、开挖方式、支护形式、基底地质条件、回填填料应满足设计要求,夯实符合规定 (2)岩层基底应清除岩面松散石块、淤泥、苔藓,凿出新鲜岩面,表面清洗干净,应将倾斜岩面凿平或凿成台阶;碎石类土及砂类土层基底承重面应修理平整,黏性土层基底整修时,应在天然状态下铲平,不得用回填土夯平;砌筑基础时,应在基础底面先铺一层 5～10 cm 水泥砂浆 (3)基础浇筑、砌筑应在无水情况下施工,混凝土和砌体砂浆终凝前不得浸水 (4)基底高程偏差:土质±50 mm,石质$^{+50}_{-200}$ mm	模板、钢筋、混凝土及砌体按有关标准评定
	3. 灌注桩基础	(1)孔径、孔深、孔型、钻(挖)顺序、防护措施、桩头处理、桩顶高程、主筋伸入承台长度和桩承载力试验符合设计、施工技术要求 (2)浇筑水下混凝土前应清底,桩底沉渣允许厚度:摩擦桩不大于 300 mm,柱桩不大于 100 mm (3)孔位中心允许偏差为:钻孔桩群桩 100 mm,单排桩 50 mm;挖孔桩 50 mm (4)成孔倾斜度:钻孔桩不大于 1%;挖孔桩不大于 0.5%	钢筋、混凝土按有关标准评定

续上表

分类	工作项目	质量标准	附注
四、整修加固钢梁	1. 加固	部位及尺寸符合设计要求	
	2. 钢料切割	切割刨边后，边缘平整尺寸误差，宽度：$^{+4}_{-2}$ mm，长度：$^{+0}_{-4}$ mm	
	3. 钻孔	新钻钉孔与钢面自下而上垂直，孔壁平滑，不良钉孔(指直径误差不超过：$^{+0.5}_{-0.2}$ mm，斜孔偏斜小于 2 mm 错孔小于 1 mm)的个数不超过 20%	
	4. 组拼	钢料接触面间无铁屑，锈皮、污垢，组装紧密用 0.3 mm 塞尺插入深度不大于 30 mm	
	5. 铆合	铆钉无松动，钉头无裂纹及全周浮离，其他不良铆钉不超过 10%	
	6. 高强度螺栓连接	(1)无缺少、松动，超拧或欠拧螺栓不超过节点螺栓总数的 5% (2)栓焊梁螺栓连接部位摩擦系数不小于 0.45	应同时检查同一节点的原有铆钉是否松动
	7. 弯曲整修	整修后，无压痕及裂纹，弯曲矢度在容许范围以内，整修处附近铆钉无松动，其他不良铆钉不超过 10%	
	8. 洞孔伤损	钢料伤损及洞孔边缘修磨平整，填补后，钢料间接触紧密，无缝隙	
	9. 清扫	各部分清洁、无积垢，排水良好	
五、更换钢梁	1. 位置	钢梁中心线与设计线路中心线位置偏差小于 15 mm	拨正钢梁按本项评定
	2. 支点位置	(1)钢梁一端支承垫石顶面高差小于钢梁宽的 1/1 500 (2)每一主梁两端支承垫石顶面高差：当跨度小于 55 m 时为 5 mm；当跨度大于 55 m 时为计算跨度的 1/10 000，并不大于 10 mm (3)前后两孔钢梁在同一墩顶支承垫石顶面高差不大于 5 mm (4)支座底板四角相对高差不大于 2 mm	

续上表

分类	工作项目	质量标准	附注
五、更换钢梁	3. 钢桁梁拼装位置	(1)弦杆节点对梁跨端节点中心连接线偏移不大于跨度的1/5 000 (2)弦杆节点对相邻两个节点中心连线偏移不大于5 mm (3)立柱在横断面内垂直偏移不大于立柱理论长度的1/700 (4)拱度偏差： 设计拱度60 mm不超过±4 mm 设计拱度120 mm不超过±8% 设计拱度大于120 mm,按设计规定	
六、整修圬工梁拱及墩台	1. 抹面	抹面压实,裂纹、空响面积不超过2%,砂浆符合规定	
	2. 压浆	(1)注浆孔位置、深度及灰浆配合比、水灰比符合要求 (2)不因钻孔而损坏原圬工,裂纹和空隙内经压水冲洗,并注满浆 (3)注浆孔用砂浆填实,无裂纹,淌出灰浆清除干净	
	3. 修补	(1)材料配合比、工艺符合要求 (2)槽宽度误差不超过±5 mm,深度不少于8 mm (3)勾缝平实,凸凹不超过±3 mm,与圬工结合牢固,无断道 (4)色泽协调均匀	
	4. 整修更换防水层	(1)垫层抹平无坑洼,与原圬工连牢 (2)防水层平顺密实,与边墙及泄水孔衔接严密,无渗漏现象 (3)保护层厚度不小于30 mm,坡度不小于3%,压实抹平,无裂损和空响,与圬工边缘衔接处无裂纹,流水坡度平顺	

续上表

分类	工作项目	质量标准	附注
六、整修圬工梁拱及墩台	5. 整修更换泄水管	(1)管内畅通,无杂物堵塞 (2)外露部分无锈蚀 (3)排水不污染梁体	
	6. 整修伸缩缝(或沉降缝)	缝内杂物清除干净,填塞密实,表面平整,无漏水、无断裂或挤出	
	7. 灌注混凝土及钢筋混凝土	(1)混凝土配合比、水灰比、各部尺寸符合要求 (2)钢筋的品种规格应符合设计要求,无出厂合格证时应试验合格 (3)钢筋的锈蚀、油污清除干净、加工正直,组配及弯曲尺寸符合设计要求。在“同一截面”内,受力钢筋闪光接触对焊接头在受拉区不得超过50%,电焊接头应错开,主筋横向位置偏移不大于±7.5 mm,箍筋位置偏移不大于±15 mm,其他钢筋位置偏移不大于±10 mm (4)新旧圬工连接按规定凿毛并埋设牵钉(牵钉直径、间距及埋深符合设计要求),冲洗干净 (5)混凝土拌合均匀,分层灌筑,捣固密实,施工接缝连接牢固 (6)混凝土表面有微小的麻面、蜂窝和龟裂,但不得露主筋	混凝土试块强度符合设计要求,并有施工检算记录
	8. 分片式混凝土梁横向加固	(1)加固方案及布置形式、加固位置、数量、施工工艺等符合设计要求 (2)新增连接板(隔板)尺寸偏差:宽度(顺桥向)±10 mm;高度$^{+10}_{-5}$ mm;厚度$^{+10}_{0}$ mm;表面平整度≤3 mm/m;中心偏离设计位置≤10 mm (3)钢筋锚固孔深允许偏差$^{+15}_{0}$ mm,孔内清洁无杂物,使用植筋胶时且应干燥 (4)封锚混凝土高度偏差≤10 mm,封锚前锚具外露端涂黄油,安装防水塑料盖 (5)预应力筋张拉回缩量≤1 mm (6)新增混凝土与梁体间的施工缝表面涂 2～3 层聚氨脂防水涂料,涂层厚度≥1 mm	钢筋混凝土、混凝土及预应力筋符合有关标准

续上表

分类	工作项目	质量标准	附注
七、更换圬工梁拱及墩台	1. 架梁位置	梁的中心线与设计位置偏差不大于 20 mm	拨正圬工梁按本项评定
	2. 梁体尺寸	(1)梁高度的偏差不超过$^{+20}_{-5}$ mm (2)跨度±20 mm (3)梁长L_p>16 m±30 mm L_p≤16 m±12 mm (4)下翼宽度$^{+20}_{-0}$ mm (5)腹板厚度:钢筋混凝土梁为+3%;预应力混凝土梁为+15 mm	圬工质量、防水层铺设、支座安装参照有关项目评定
	3. 墩台尺寸	(1)结构各部分尺寸与设计中心线误差 基础平面尺寸为±50 mm,墩台前后左右平面尺寸为±50 mm (2)顶面流水坡不小于 3%	
	4. 支承垫石	(1)表面平整,局部凹陷深度小于 5 mm (2)标高与设计误差不超过±10 mm	
	5. 表面裂纹	符合限值规定	
八、整修更换支座	1. 整修支座	(1)各部分清洁,无灰渣,活动端涂固体油脂或擦石墨涂擦均匀,无缺漏 (2)支座位置平整密实,各部分相互密贴 (3)锚栓无松动、缺少 (4)排水良好,无翻浆、流锈 (5)涂装油漆良好	
	2. 凿埋锚栓	锚栓直径及埋入深度符合规定,位置偏差小于 5 mm,螺栓杆正直无松动,周围砂浆填实、无裂纹	

续上表

分类	工作项目	质量标准	附注
八、整修更换支座	3. 支座更换安装	(1)支座的质量和规格符合标准，安装位置正确 (2)支座平整、密贴、无缝隙 (3)活动支座滚动(滑动)面洁净滑润，梁跨伸缩、转动自由。固定支座应稳固可靠 (4)支撑及限位设备齐全	
	4. 支座捣垫砂浆	(1)原圬工面凿毛洗净。水灰比、砂浆配合比符合规定，拌合均匀，捣固密实，周围抹面平整，无裂纹，抹面少量有轻微空响 (2)与座板间缝隙小于 1 mm，深度小于 30 mm (3)排水良好	
九、整修更换涵洞	1. 整修涵洞	(1)勾缝无脱落，节缝无漏水、漏土 (2)清除淤积，排水通畅	圬工部分修理加固质量标准同圬工梁拱墩台
	2. 更换或增设涵洞	(1)孔径与各部尺寸与设计相符，误差： 孔径：${}^{+20}_{-0}$ mm 厚薄：钢筋混凝土${}^{+10}_{-5}$ mm 混凝土±15 mm 浆砌块石料石±20 mm (2)涵身顺直，弯曲矢度小于 1/250 (3)沉降缝垂直、整齐、无交错，填塞紧密，无漏土、漏水，接头错牙小于 10 mm	圬工质量符合有关标准
	3. 框架桥涵顶进	(1)外形尺寸误差： 宽度：±50 mm 轴向长度：±50 mm 顶底板厚度：${}^{+20}_{-5}$ mm 中边墙厚度：${}^{+20}_{-5}$ mm 肋：±3% (2)顶进误差： 中线：(一端顶进)200 mm (二端顶进)100 mm 高程：顶程的 1%，但偏高不得超过 150 mm，偏低不得超过 200 mm	钢筋混凝土、混凝土及砌石圬工质量按有关规定标准

续上表

分类	工作项目	质量标准	附注
九、整修更换涵洞	4. 圆涵顶进	顶进误差： 中线　50 mm 高程　偏高 20 mm 　　　偏低 50 mm 管节错口　10 mm 对顶法接头的管节错口 30 mm	
十、整修加固隧道	1. 整修隧道	(1)整治漏水后无滴水 (2)煤烟清扫无堆积 (3)排水沟无渗漏、积水，盖板齐全有效，局部淤积但不影响排水 (4)圬工裂损修补符合圬工修补要求 (5)洞门、避车洞及指示箭头刷白清晰 (6)通风照明设施整修完好、使用正常	
	2. 加固更换模注混凝土衬砌	(1)限界及各部尺寸与设计相符，向内无偏差 (2)圬工质量符合标准 (3)墙顶封口处与拱脚底面结合无浮渣，并用同等级较干的砂浆捣实结合平整	
	3. 锚喷混凝土（或钢筋混凝土）衬砌	(1)混凝土配合比和添加剂掺量符合要求 (2)受喷面无浮砟，并经高压风、水清洗 (3)试块的抗压强度等级平均值不低于 C25，任意一组试验抗压强度平均值，最低不得低于设计等级的 85% (4)喷射厚度所有检查断面上全部检查孔处喷射混凝土的厚度 80%以上应不小于设计厚度，网喷最小厚度不小于 6 cm，素喷最小厚度不小于 4 cm (5)喷射混凝土与围岩或受喷面应紧密粘接，锤敲击无空声(或仪器检测粘接紧密) (6)锚杆材质、尺寸、间距和锚固力符合设计要求 (7)钢筋网与受喷面的空隙应不小于 3 cm (8)无裂缝、露筋，非寒冷和严寒地区有个别面积漏水	(1)检查施工记录 (2)观察、检查 (3)隧道每 30 延米取一组试块，检查试验报告单 (4)凿孔测量厚度单线每 30 延米、双线每 20 延米至少检查一个断面，检查锚固力试验报告，每 300 根至少做 3 根试验，检查隐蔽记录

续上表

分类	工作项目	质量标准	附注
十、整修加固隧道	4. 翻修整体道床	(1)道床基底无风化、虚砟软土、杂物和地下水等,钢筋布置和道床混凝土强度符合设计要求;道床混凝土与支承垫块连牢,无松动,混凝土无裂缝、蜂窝、露石;道床顶面平整,排水坡流向正确,道床面标高误差不大于设计±10 mm,表面整洁无脏物 (2)整体道床与弹性道床之间的过渡段,其平面布置、结构尺寸符合设计要求 (3)伸缩缝设置数量和位置符合要求	
十一、整修加固防护及河调建筑物	1. 浆砌料石或块石	(1)砌体尺寸、砂浆等级符合设计要求,石质无风化、裂纹,耐久性、抗冻性符合要求 (2)旧圬工损坏部分清除彻底、清洗干净,并且砂浆抹平,新旧圬工连牢 (3)分层砌筑,丁顺相间,石块间砂浆饱满密实,无松动及空隙 (4)缝宽:块石不大于 20 mm,料石 10～15 mm,垂直灰缝无贯通,错缝间距离块石不少于 80 mm,如有超限,每 10 m^2不超过 3 处	一条砌缝算 1 处
	2. 浆砌片石	(1)砌体尺寸、砂浆等级符合设计要求,石质无风化、裂纹、水锈、泥土、清洗干净 (2)基底符合设计要求,岩石基底表面无风化及松软土石。非基底夯实平整,表面无浮土杂物,土质基底铺有砂石垫层 (3)分层填筑(每层约 1 m 左右找平),大面向下咬接密实,石块间砂浆饱满,缝宽不大于 40 mm,不小于 20 mm,垂直无空缝,错缝距离不小于 80 mm,三块石料相砌,内切圆不大于 70mm,灰缝下限处所每 10 m^2不超过 5 处	一条砌缝算 1 处

续上表

分类	工作项目	质量标准	附注
十一、整修加固防护及河调建筑物	3. 干砌片石	(1)砌体尺寸符合要求 (2)石质无风化、裂纹,片石中部厚度不少于15 cm (3)碎石垫层夯实平稳,厚度不小于10 mm (4)大块在底层,大面向下,咬接密实,支垫稳固 (5)砌石面坡平顺,用2 m弦线丈量凹陷矢度不超过50 mm	
	4. 勾缝	(1)勾缝无脱落 (2)勾缝深度不小于30 mm,新旧缝相接良好,砂浆符合规定,勾缝压实。断道空响处所不超过5%	
	5. 铁线石笼	(1)铁线石笼断面、长度、材料符合设计要求,网格不大于14 cm×18 cm,并双扣拧紧(六角形)不松弛 (2)铺设范围、标高符合设计要求,基础平整,根部稳固,各石笼骨架间相互连牢,笼内石块填满,铁线无折断	
十二、整修其他设备	1. 修理及增设水位标尺	位置、式样符合要求,尺寸准确,描绘整齐鲜明,并标出历史最高洪水位及发生年、月、日	
	2. 整修或增设其他标志	位置、式样符合要求,尺寸字样准确,标志清晰	
	3. 整修或增设安全检查设备	位置、式样符合要求,质量参照钢结构、圬工部分标准	
	4. 整修或增设桥涵限高防护架	位置、式样符合要求,质量参照钢结构、圬工部分标准	

三、施工安全监护

1. 对施工安全监护员的基本要求是什么？

答：施工监护人员必须是经过培训，考试合格，对设备及行车安全规章熟悉，有独立工作能力，责任心强，身体健康，具有一定文化知识的正式职工担任，并持证上岗。监护员还要有高度的责任感。

2. 施工监护人员在监护过程中应遵守“十不准”的内容是什么？

答：(1)不准(利用施工监护便利)吃、拿、卡、要(施工单位物品)。

(2)不准饮酒。

(3)不准缺岗、漏岗、提前退岗。

(4)不准一人多点监护。

(5)监护过程中发现施工单位(队)存在安全、质量隐患，不准隐瞒不报。

(6)不准私自同意施工单位为施工方便，进行各类有碍行车安全的施工。

(7)不准故意设置障碍，延误正常施工过程。

(8)不准为个人利益，损害大局利益。

(9)不准做与本职工作无关的事情。

(10)不准玩忽职守，监护失控发生危及行车安全的严重问题。

3. 设备单位主管部门要做到“四个有”是什么？

答：(1)有对安全监督检查人员的组织管理办法；

(2)有一支业务熟、能独立工作、责任心强的安全监控队伍；

(3)对安全监护员要有专门的安全知识和业务知识的

培训；

(4)安全检查人员要有培训合格证书,持证上岗。

4. 安全监护员对营业线施工安全监控要做到“四清楚”是什么?

答:(1)清楚施工起止地段及起止时间；

(2)清楚施工作业内容及影响安全范围；

(3)清楚施工作业的技术标准；

(4)清楚施工作业的安全措施。

5. 安全监护员对营业线施工安全监控要做到“三到位”是什么?

答:(1)于开工前 1 h 到位,并在施工单位的签到簿上签到；

(2)对施工作业的全过程监控到位,做到施工不停止,监督检查不间断；

(3)工作责任要到位,发现问题要及时填发安全整改通知书,发现危及行车安全的问题要立即停止施工,并指导做好安全防护。

6. 施工监护在施工监护过程中,应做哪些工作?

答:在安全监护中施工熟悉施工概况,才能熟知本次施工是干啥的,才能知道下一步需要掌握哪一些技术标准;只有掌握了技术标准才能正确的指导施工;只有掌握了技术标准,才能更有效地监护施工。施工监护人员,在施工监护过程中要按时到岗到位,做到“一点一施工,一点一监护”,及时发现施工单位施工过程中存在“安全隐患及不安全因素”,对施工过程进行监控,对施工单位施工过程中存在的质量不合格及安全隐患要立即提出整改意见并填发《施工安全整改通知书》,发现施工单位不按施工协议施工或擅自扩大施工范围或存在危及行车安全的施工时,有权责令其停止施工,并填发《营业线施工停工通知书》，要求停工整顿，对不听劝阻，盲目施工的要及时向上级领导汇报，请求上级帮助解决。

7. 施工监护人员在施工监护过程中应携带哪些基本防护备品？

答：施工监护人员在施工监护过程中应按规定着装，持证(施工安全检查证、上岗证)上岗，佩戴胸卡，持红黄信号旗各一面，同时还应携带《施工整改通知书》、《施工停工通知书》、《监护日志》以及短路铜线(夜间施工还应携带信号灯)对讲机等基本防护备品，在施工监护过程中施工监护人员还必须熟知施工地段列车运行情况(动车组、客车)，做到提前按规定下道避车。

8. 施工监护人员在施工监护过程中应注意哪些安全事项？

答：(1)施工开始前，施工监护人员必须确认施工单位与设备管理单位是否签订安全协议，无安全协议不准施工。

(2)施工监护人员，在施工监护过程中严禁饮酒。

(3)施工监护人员不准单独上道，确保自身安全。

(4)施工监护人员在施工监护过程中，必须坚持“一点一协议、一点一施工，一点一监护”，做到“施工不停，监护不止”严禁一人多点监护，严禁迟到、早退、脱岗、漏岗，监护失控。

(5)施工单位施工过程中，没有正式路工带领，民工不得施工。

(6)严禁横越线路，搬、抬、运笨重机具材料，确需搬运时，必须在施工封锁或“天窗”点内进行。

(7)施工过程中作业人员休息时，不得坐卧钢轨、枕头及石碴边坡，防止发生意外事故。

(8)严禁横越线路到临线避车、休息、乘凉及办其他事情。

(9)上下班不准走道心或枕木头，在路肩上行走时，遇来车需站立，面迎列车，防止货物、绳索及酒瓶跌落伤人。

(10)线上作业时，必须按规定设置防护，并确认性能良好，防护未设好或防护员未到位不准作业，遇本线或临线来车时，按规定距离下道避车，机具随身下道并放置稳固，不得侵入限界，两线间及石碴边坡以上不得放置机具。

(11)高空作业应按规定系安全带和设置防护网。

(12)道上作业时，严禁施工监护人员拨打和接听手机。

(13)对年龄偏大，智力发育不全及身体残疾人员，应禁止使用。

(14)施工监护人员，在施工监护过程中，夏季严禁到坑、塘、河、渠中洗澡，冬季严禁衣帽遮耳。

(15)严禁使用、乘坐无牌、无证、无照机动车辆，乘坐使用机动车辆时，应遵守交通安全法规。

(16)提速区段因施工需要须临时撤移或封闭网开口时，应要求施工单位办理相关手续，否则严禁开口、破网。

(17)恶劣天气禁止上道作业，必须作业时，应有安全有效的安全防护措施，确保人身、行车安全。

四、施工监护存在的问题(案例)

1. 施工监护与防护的问题

在施工监护过程中，可能会遇到各种各样的施工，像目前进行的只有京九线基坑开挖和立杆架线施工，很简单，基坑开挖时，正常情况下不需要封锁，也不需要慢行，只要做好基坑防坍塌和防水浸泡就行，立杆架线虽然需封锁施工，但是施工项目与工务施工关系不大；在与工务有关的施工中，为确保施工安全，施工防护是重中之重的工作，无论是本单位自己的施工或是委外施工，都应该将防护作为一项重要工作来抓。那么，施工防护的种类有哪些呢？就工务施工而言，主要有两大类，(1)日常作业防护：①大型施工，防护又分为两种情况，②慢行施工防护，也就是说，需要限制列车运行速度，要求列车通过施工区段时，按施工命令所要求的速度运行。(2)施工地段施工过程中，禁止列车通行，也就是我们常说的封锁施工，慢行施工与封锁施工又因为施工地段的施工地点不同，防护的设置方式又有所不同，施工防护的种类大致分为以下几种：在陇海线电气化施工改造过程中，由于参加施工单位众多，特别是由于工程局参与的多数都是新建线路或桥梁，参与既有线的改造施工机会不多，所以说，在施工过程中，特别是防护方面存在的问题是五花八门，防护标里程设置地点不对，该设置的防护标志未设置，或不该设置防护标志乱设置，甚至有的防护员不是路工担任，要么是无证上岗……问题都比较突出，作为施工监护人员在卡控好安全的同时，一定要卡控好施工防护这一关，防护一旦发生问题，在既有线上施工，轻则发生车机联控信息，重则就可能发生行车重大事故，现将郑徐电气化改造过程中真实发生的防护案例介绍如下：

【案例一】　移动停车信号牌不按施工命令插设

2005年2月24日，中铁×××局在陇海线上行K536＋260～K535＋260放散施工，施工命令上述起止里程，而当日的放散施工中，实际东端到上行K535＋000，工地防护员将移动停车信号牌插设在K535＋000处，施工慢距实际延伸了260 m，擅自扩大了施工范围。

【案例二】　防护员防护知识欠缺，防护标志插设有误

2005年2月19日，中铁×××局××工程××公司，在邵岗集下行K526＋000～K527＋000长轨放散，施工命令开始后，正方向远方防护员×××，将45 km/h慢行牌与“T”字牌捆在一起插设在距施工地点800m处，被上级领导发现。

【案例三】　慢行时间内，提前撤除防护标志

2006年5月10日,×××段设备管理单位安调科工作人员,陪铁路局工务处副处长×××添乘1538次,5月9日,中铁×××局在陇海线上行K453+000~K456+000抬道作业,按施工命令是慢行时间到次日11时40分止,限速80 km/h,5月10日添乘1538次时,当列车按运记通过施工地点时,运记提示限速80 km/h,而司机却没有看见慢行牌,司机就说,怎么没有看见慢行标志呢?×××段陪同人员随即打电话问中铁×××局项目负责人,这是怎么回事,项目经理回答说:上行慢行点未结束。实际上5月10日下行施工慢行开始了,我们只有一套慢行牌,×××段陪同人员,立即让防护员将上行的慢行牌撤到下行了。

【案例四】 慢行过程中,不按规定提高限速等级,被司机联控

2005年4月23日,中铁×××局×××工程××公司,在黄姚—兴隆间下行K479+300~K477+600曲线拨移施工,按照调度命令11时10分至13时50分封锁,点后第一列限25 km/h,以后按60 km/h、80 km/h、100 km/h各慢行12 h,恢复正常,当时,封锁时间内线路拨移开通后,正方向远方防护员,将25 km/h慢行牌插设后,到送饭点吃饭,未按规定第一列限速25 km/h后换成45 km/h被司机联控(后来问防护员,你为什么不按规定第一列过后由限速25 km/h换成45 km/h以后再吃饭,他说,我当成25 km/h一小时后再换牌呢)这是一例没有遵守施工命令要求,不按规定提高限速等级的防护案例。作为施工监护人员,无论是本单位施工或是外委施工,都必须熟知各种防护方法,否则的话,别人会笑话我们业务素质太差,二是发生问题还要追究你的失职责任。

通过此案例分析使我们辨识到“危险源”,提醒施工单位防护没有正确的设置好,这就是我们要查找的“危险源”,防护

不能正确设置，怎么能引导机车行驶，施工监护员在施工的监护中，要严格控制设置防护出差错的"风险"，一定要督促施工单位，按施工命令要求插设或撤除防护标志。不能因出现低级的设置防护错误而造成行车事故。

2. 施工地段与未施工地段结合部的问题

施工地段与未施工地段结合部向来都是施工的薄弱环节，也是施工的薄弱点，作为施工监护人员，要深刻认识到这一点，纵观历年来的事故教训，在施工地段没有发生问题，在施工地段与未施工地段发生的问题还的确不少。施工负责人对施工地段重视的多，对施工两端结合部重视的少，特别是工务施工中清筛、换枕、捣固、更换线岔、改造拨移线路等挠动基础的工作，尤其要重视结合部的管理，在施工地段与未施工地段结合部，由于基础软硬不均，高低、方向衔接不好，或者顺坡不达标，加之列车碾压，几何尺寸易发生变化，就易发生问题，特别是京广线开行 250 km/h、陇海开行 200 km/h 动车组后，对慢距要求极为严格，稍有不慎就会发生问题。施工完毕，开通前，施工监护员及施工单位人员，除对施工地段正常检查设备，并确认满足放行列车条件要求外，还应对施工地段与未施工地段结合部加强检查，并做好检查记录，施工慢行阶梯提速时，亦应对该地段加强检查，发现问题及时处理。

3. 昼夜施工的监护问题

在施工监护过程中，施工单位因施工给点或季节原因（如夏季气温较高，白天施工困难，在夜间施工，由于夜间施工存在诸多不便，如：照明问题、视线问题、人的精神状态等因素，都易发生人身及行车安全事故）因此夜间施工，应引起监护人员的高度重视，一是夜间监护人员，在施工监护前要保证有充分的休息时间，确保夜间施工监护精神状态良好，精力集中。二是照明设备要满足施工需要。三是针对夜间施工特点，要督促施工单位或施工部门制定详细的夜间施工安全卡控措施。四是施工结束后，开通线路前要确认施工地段满足放行列车条件要求、材料机具不侵入限界，并放置稳固。五是确保施工监护人员自身安全。

4. 防止路料、机具侵限的问题

由于大型施工，往往是参加人员多，配合部门多，人员构成复杂，机具、料具的堆放、使用频繁，往往易造成机具、材料的侵限或乱摆乱放，易发生侵限问题。施工监护人员，在施工监护过程中，尤要督促施工单位施工人员，防止机、料具侵限，被列车碰撞发生事故。

5. 施工时间、施工项目与季节的关系问题

很多扰动基础的施工，施工时间、施工项目与季节的关系密不可分，如夏、冬季的立交架空顶进，线路拨移改造，更换线岔设备，都与无缝线路锁定轨温有关，要根据季节特点，充分做好施工前的各项准备工作，方可确保施工安全。要根据季节特点，做好施工过程中的防洪、防胀、防断、防撞、防联电工作。

6. 线路施工监护

线路拨移、放散、换线岔设备等项施工，往往是参加人员众多(特别是民工)、距离长、配合部门多，在这里，你不但要监护好行车安全、人身安全，更重要的是还要严把放行列车条件及阶梯提速要求等关键环节，达不到放行列车条件，绝不能盲目放行列车；达不到阶梯提速条件，绝不能盲目提速。同时，要严把施工防护关，作为施工监护人员，要根据不同的施工种类、慢行条件及施工施工起止里程的不同，正确设置各种防护，确保施工安全。严把放行列车后阶梯提速前的巡养关，及时消灭施工地段几何尺寸超限处所，特别是施工后，应列车碾压，轨道框架变化严重，不能提速，或达不到基本的放行列车条件，要果断降速，或提出新的封锁要求，直到施工单位认真整修设备，满足列车运行条件后，才能重新放行列车。

7. 箱涵预制架空顶进施工监护

箱涵预制及架空顶进施工，箱涵的预制有严格的技术规范要求，从安全角度讲，箱涵的预制过程并不复杂，但涉及的安全问题却很多，从基坑开挖开始，就涉及电务、铁通及供电部门铺设的地下电缆及有的地方甚至牵涉到民用电缆和军用光缆，一旦挖断挖断后果非常严重，所以说每项施工开始前，就要求施工单位无论是本单位施工，或是外单位施工，必须与相关部门签订《安全协议》，没有《安全协议》或施工配合部门配合人员未到场严禁开工，同时，要做好电缆路径、埋设深度、及影响范围的确定工作，施工开始前，要按规定人工开挖纵、横向探沟，探沟深度必须大于配合部门提供的各种管线的埋设深度，纵、横向探沟的开挖，在未确定电缆的准确位置、走向、埋设深度及可能影响的范围情况下，不准使用机械开挖，在影响范围之外，对未确认的电缆，只能保护，不能破坏。立交顶进架空施工，必须严格按施工命令设置防护，特别对架空顶进时安装的硬跨横梁，必须确认不侵入限界（遇曲线架空施工时，还必须严格按照曲线加宽量、预留安全量）防止横梁侵入限界。顶进过程注意降水，防止因土质不良发生塌方，影响线路稳定，严禁超挖顶进。施工顶进过程中，按规定对上部几何尺寸加强检查，及时消灭超限处所。在轨道电路地段，应有防联电措施。应根据不同季节特点，做好防洪、防胀、防断工作。

8. 基坑开挖、横越线路铺设各种管线的施工监护

在路肩上开挖基坑，或横越线路铺设各种管线，影响基础稳定工作，应防止基坑开挖过程中造成的基坑塌方，或阴雨天气开挖好的基坑，没有防雨措施，造成基坑被水浸泡，加之列车震动造成塌方，影响安全。一般这类施工，虽然看上去工程量都不大，几天时间就可完工，但它存在的安全隐患也是非常多的，因为它的易患不在明面，而是隐蔽，存在隐患不易察觉，施工监护人员往往忽视这个问题，案例说明。

【案例】 2005 年 3 月中铁×××局在内黄集站信号楼换装施工，需要横越上下行正线，及 4 道到发线，过管线，当时是机械顶进过管，过管施工结束后没什么问题，谁知几天过后，一场大雨，造成一、三道间排水不及，积水从管线处横向下渗，造成下行正线冲空六根枕木，幸被冒雨检查人员及时发现，拦停下行列车，上行限速通过，险些酿成大祸。

所以说在施工监护过程中，作为施工监护人员，必须根据不同的施工种类，施工内容、施工项目，有侧重的做好各项施工监护工作，从源头控制“风险”显得尤为重要。

参考文献

[1] 吕长青．铁道营业线施工及安全管理．北京:中国铁道出版社,2006.
[2] 铁道部建设司,安监司．铁路营业线施工安全．北京:中国铁道出版社,2002.